もくじ

Contents

Q 海水と水の違いは何だろうか？

物質とは何か

すべての物質は，1＿＿＿＿＿＿という小さな粒子からできている。1＿＿＿＿＿＿には

2＿＿＿＿＿＿があるので，物質にも 2＿＿＿＿＿＿がある。

純物質と混合物

　私たちの身のまわりにあるものの多くは，海水や空気のように何種類かの物質が混じりあって

できている。このように2種類以上の物質が混じりあったものを 3＿＿＿＿＿＿という。一方，

酸素や水のように，1種類の物質だけからなるものを 4＿＿＿＿＿＿という。

乾燥空気中の気体の体積パーセント

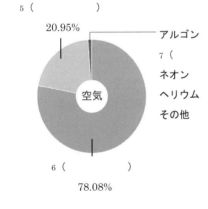

5（　　　　　）
20.95%

6（　　　　　）
78.08%

アルゴン　　　　　0.9%
7（　　　）　0.04%
ネオン　　　　　0.002%
ヘリウム　　　　0.0005%
その他　　　　　0.0275%

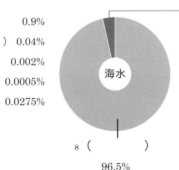

海水

8（　　　　　）
96.5%

溶けている固体物質
の質量パーセント
9（　　　　　　　）
77.8%
塩化マグネシウム　10.9%
硫酸マグネシウム　4.7%
硫酸カルシウム　3.6%
その他　3.0%

ヘリウム

牛乳

原油

金

アルミニウム

食塩水

純物質　　　　　線で結んでみよう　　　　混合物

問 1 次の物質を純物質と混合物に分類せよ。

(1) 空気　　　　(2) 酸素　　　　(3) 塩化ナトリウム　　　　(4) 海水

(5) 鉄　　　　(6) 二酸化炭素　　　　(7) 銅　　　　(8) 原油

純物質 _____

混合物 _____

純物質と混合物の性質

10_____の融点・沸点・密度は，それぞれの物質で決まっており，一定である。

11_____の融点・沸点・密度は，混じっている物質の種類や量によって変化する。

純物質である 12_____ の沸点は 100℃で 13_____ である。一方，混合物である 14_____ の沸点は 100℃より 15_____，水が蒸発して食塩の濃度が大きくなるほど沸点は高くなる。

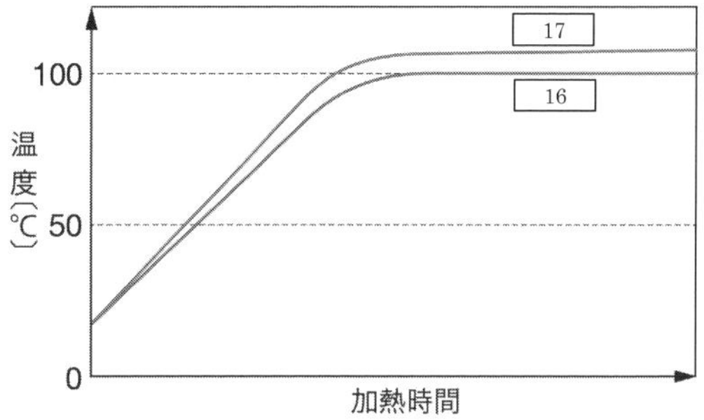

16_____　　　17_____

●Memo●

3

Q 空気清浄機は，空気中のほこりや花粉をどのように除去しているのだろうか？

混合物の分離と精製

混合物から目的の物質を分ける操作を 1＿＿＿＿＿＿＿と

いう。また，不純物を取り除き，より純粋な物質を得るこ

とを 2＿＿＿＿＿＿＿という。

ろ過

液体とその液体に溶けない 3＿＿＿＿＿＿＿を，ろ紙など

を用いて分離する操作を 4＿＿＿＿＿＿＿という。ろ過は粒

子の 5＿＿＿＿＿＿＿の違いを利用した分離方法である。

ろ紙の穴よりも小さな粒子だけが通り抜ける。

6＿＿＿＿にそわせてゆっくりと注ぐ。

食塩水
砂

7＿＿＿＿をビーカーの側面につける。

6＿＿＿＿＿＿＿＿＿＿＿　　7＿＿＿＿＿＿＿＿＿＿＿

再結晶

不純物が混じった固体を熱水などに溶かした後冷却すると，ほぼ純粋な結晶が得られる。この

操作を 8＿＿＿＿＿＿＿という。再結晶は温度による 9＿＿＿＿＿＿＿の違いを利用した分離方法

である。

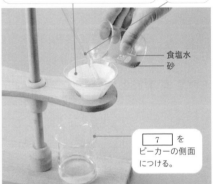

硝酸カリウムの溶解度曲線

溶解度（g/100 g 水）

85.2

37.9

11＿量

冷却

10＿量

0　25　50

温度（℃）

溶解度曲線

10＿＿＿＿＿＿＿＿＿＿＿　　11＿＿＿＿＿＿＿＿＿＿＿

実　験 ■1　食品から食塩を取り出す

結　果

食品	はじめの質量	得られた食塩の質量	食塩の割合
しょうゆ	2.95 g	0.44 g	15 %
みそ	2.98 g	0.36 g	12 %
梅干し	3.01 g	0.30 g	10 %

発　展

　厚生労働省は,食塩摂取量の目標値を,成人男性が1日7.5 g未満,成人女性が1日6.5 g未満と定めている。摂取量の目標値は,食品何 gに相当するか計算してみよう。

男性　しょうゆ　[12] g　　みそ　[13] g　　梅干し　[14] g

女性　しょうゆ　[15] g　　みそ　[16] g　　梅干し　[17] g

男性　しょうゆ　　　　　　　　　みそ　　　　　　　　　　　　梅干し

女性　しょうゆ　　　　　　　　　みそ　　　　　　　　　　　　梅干し

12＿＿＿＿＿＿　　13＿＿＿＿＿＿　　14＿＿＿＿＿＿　　15＿＿＿＿＿＿　　16＿＿＿＿＿＿　　17＿＿＿＿＿＿

問2　少量の砂が混じっている食塩から,食塩だけを取り出すには,次のア〜ウの操作をどのような順で行ったらよいか。

ア　ろ過をする。　　イ　水に溶かす。　　ウ　水を蒸発させる。

＿＿＿＿＿＿　→　＿＿＿＿＿＿　→　＿＿＿＿＿＿

●Memo●

1－1 ③ 混合物の分離② p.18〜19　　　月　　日

Q お茶やコーヒーはどのようにして成分を分離しているだろうか?

抽出

混合物の中から目的の物質を溶媒に溶かし出して分離する操作を 1＿＿＿＿＿＿＿という。抽出は溶媒への 2＿＿＿＿＿＿＿＿＿の違いを利用した分離方法である。

蒸留

2 種類以上の物質を含む液体を加熱して沸騰させ，生じた蒸気を冷却して再び液体にし，分離する操作を 3＿＿＿＿＿＿という。蒸留は 4＿＿＿＿＿＿＿の違いを利用した分離方法である。

また，5＿＿＿＿＿＿の混合物を沸点の差を利用して蒸留により成分ごとに分離する操作を，特に 6＿＿＿＿＿＿という。

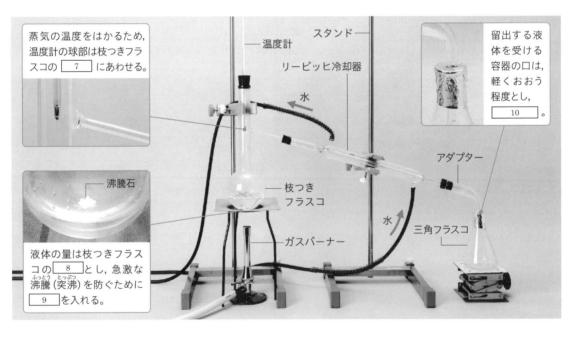

蒸気の温度をはかるため，温度計の球部は枝つきフラスコの [7] にあわせる。

スタンド

温度計

リービッヒ冷却器

水

留出する液体を受ける容器の口は，軽くおおう程度とし，[10]。

沸騰石

枝つきフラスコ

アダプター

液体の量は枝つきフラスコの [8] とし，急激な沸騰 (突沸) を防ぐために [9] を入れる。

ガスバーナー

水

三角フラスコ

7＿＿＿＿＿　　　8＿＿＿＿＿　　　9＿＿＿＿＿　　　10＿＿＿＿＿

クロマトグラフィー

ろ紙に 11＿＿＿＿＿＿＿する強さなどの違いを利用して混合物を分離する操作を，

12＿＿＿＿＿＿＿＿＿＿＿＿＿＿＿＿＿＿＿＿という。ろ紙だけでなく，物質の移動速度の違いを利用

した分離方法を，一般に 13＿＿＿＿＿＿＿＿＿＿＿＿＿という。

昇華法

固体が液体にならず直接気体になる変化を 14＿＿＿＿＿＿＿という。

昇華しやすい物質を含む混合物を加熱し，昇華しやすい物質を気体として分離する。この気体を冷却すると，純粋な固体が得られる。このような分離方法を

15＿＿＿＿＿＿＿という。

冷水

固体の
ヨウ素
＋
砂

16 の
ヨウ素

17 の
ヨウ素

16＿＿＿＿＿＿＿　　　17＿＿＿＿＿＿＿

問 3 次の混合物の分離操作として，最も適するものを，下のア～オから一つずつ選べ。

(1) 茶葉から水に溶けやすい成分を分離する。　　　　　　　　　＿＿＿＿＿＿

(2) 砂が沈んでいる水から砂を分離する。　　　　　　　　　　　＿＿＿＿＿＿

(3) ワインからエタノールを分離する。　　　　　　　　　　　　＿＿＿＿＿＿

(4) 砂が混じっているヨウ素からヨウ素を分離する。　　　　　　＿＿＿＿＿＿

(5) 少量の不純物が混じった硝酸カリウムから，硝酸カリウムを分離する。　＿＿＿＿＿＿

ア　ろ過　　イ　再結晶　　ウ　蒸留　　エ　抽出　　オ　昇華法

●Memo●

＿＿＿

＿＿＿

＿＿＿

＿＿＿

Q 歯や骨には，カルシウムが含まれているだろうか？

単体と化合物

水素や酸素のように，それ以上別の純物質に分解することができないものを 1_____という。一方，水のように，2 種類以上の純物質に分解できるものを 2_____という。

3_____   4_____

5_____

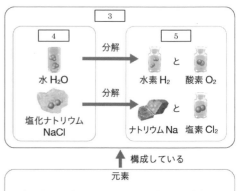

3

4
水 H_2O → 分解 → 5 水素 H_2 酸素 O_2 と

塩化ナトリウム $NaCl$ → 分解 → ナトリウム Na 塩素 Cl_2 と

↑ 構成している

元素

水素 H   酸素 O   ナトリウム Na   塩素 Cl

元素と元素記号

単体や化合物を構成する基本的な成分を
6_____という。

単体…7_____の元素からなる純物質

化合物…8_____以上の元素からなる純物質

元素名	元素記号
水素	12
炭素	13
酸素	14
塩素	15
鉄	16
銅	17

12_____

13_____

14_____

15_____

16_____

17_____

現在知られている元素は約 9_____種類であり，そのうち約 10_____種類が天然に存在している。元素を表すには，11_____を用いる。アルファベットの大文字 1 文字あるいは大文字 1 文字と小文字 1 文字で表される。

問4 次の物質を単体と化合物に分類せよ。

(1) 酸素   (2) 水素   (3) 鉄   (4) 砂糖

(5) 水   (6) 銅   (7) アンモニア   (8) ヘリウム

単 体_____   化合物_____

単体と元素

単体と元素は，同じ名称でよばれることが多いが，18_____は物質そのものを表し，

19_____は物質の構成成分を表す。

問5 次の文で，下線部が元素ではなく単体の意味で用いられているものを一つ選べ。

(1) 空気には窒素が含まれている。

(2) 地殻には酸素が含まれている。

(3) 食塩にはナトリウムが含まれている。

_____

同素体

20_____の単体で，性質の異なる物質を，互いに 21_____であるという。

硫黄 S　22_____，23_____，24_____

炭素 C　25_____，26_____，フラーレン

酸素 O　27_____，28_____

リン P　29_____，30_____

硫黄 S の同素体　　　　　炭素 C の同素体　　　　　リン P の同素体

●Memo●

9

1-1 ⑤ 元素の確認 p.22~23

Q 花火に色がつくのはなぜだろうか？

 元素の確認

　身のまわりの物質には，さまざまな元素が含まれる。それぞれの元素に特有の ₁＿＿＿＿＿＿＿＿を

用いると，物質に含まれる元素の種類を調べることができる。

 沈殿反応

　食塩水（塩化ナトリウム NaCl 水溶液）に硝酸銀 $AgNO_3$ 水溶液を加えると，水溶液が

₂＿＿＿＿＿＿＿＿＿＿。これは，水に溶けにくい塩化銀 AgCl が生じたためである。このことから

塩化ナトリウムには，成分元素に ₃＿＿＿＿＿＿＿＿が含まれていることがわかる。

　塩化銀のように化学反応などにより溶液中に溶けずに生じる固体を ₄＿＿＿＿＿＿＿といい，沈

殿が生じる化学変化を ₅＿＿＿＿＿＿＿＿という。

 気体の発生

　重曹（炭酸水素ナトリウム $NaHCO_3$）を加熱すると気体が発生する。この気体は石灰水に通す

と ₆＿＿＿＿＿＿＿＿を生じるので，二酸化炭素 CO_2 であることがわかる。二酸化炭素が生じ

たことから，重曹には，成分元素に ₇＿＿＿＿＿＿＿が含まれていることがわかる。

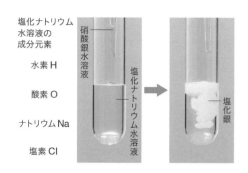
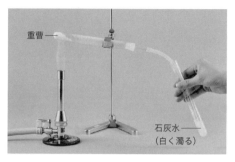

検出される元素に○をつけよう

炎色反応

8＿＿＿＿＿＿＿＿＿の中には，その元素を含む化合物を炎の中に入れたとき，炎が元素に特有な

色を示すものがある。これを 9＿＿＿＿＿＿＿＿＿といい，元素を確認する手がかりとなる。

リチウム Li   10＿＿＿＿＿色   ナトリウム Na   11＿＿＿＿＿色

カリウム K   12＿＿＿＿＿色   カルシウム Ca   13＿＿＿＿＿色

ストロンチウム Sr   14＿＿＿＿＿色   バリウム Ba   15＿＿＿＿＿色

銅 Cu   16＿＿＿＿＿色

実験 2 卵の殻に含まれる元素を確認する

結 果

発生した気体を石灰水に通す
と，白色沈殿を生じた。
→発生した気体は二酸化炭素
CO_2 で，卵の殻には ┃ 17 ┃ が
含まれる。

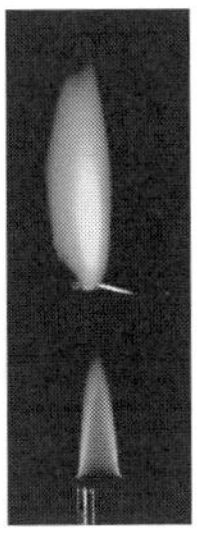

卵の殻が溶けた溶液は，橙
赤色の炎色反応を示した。
→卵の殻には ┃ 18 ┃ が含
まれる。

考 察

本で調べた卵の殻の主成分は
┃ 19 ┃ であり，結果と一致する。

17＿＿＿＿＿＿＿＿＿   18＿＿＿＿＿＿＿＿＿＿＿＿   19＿＿＿＿＿＿＿＿＿＿＿＿＿＿＿

問6　次の実験から含まれていることがわかる元素の名称を答えよ。

(1)　水道水に硝酸銀水溶液を加えると，白濁した。　　　　　　　＿＿＿＿＿＿＿＿＿

(2)　バナナの皮を加熱すると，赤紫色の炎色反応が見られた。　　＿＿＿＿＿＿＿＿＿

●Memo●

Q 固体，液体，気体の状態を，粒子のモデルで表すと，どのようになるだろうか？

物質の三態と状態変化

物質は温度によって，1＿＿＿＿＿＿・2＿＿＿＿＿＿・3＿＿＿＿＿＿にすがたを変える。この三つの状態を 4＿＿＿＿＿＿という。物質の三態の間の変化を 5＿＿＿＿＿＿＿という。

(1) 固体 → 液体　　　6＿＿＿＿＿＿

(2) 液体 → 固体　　　7＿＿＿＿＿＿

(3) 液体 → 気体　　　8＿＿＿＿＿＿

(4) 気体 → 液体　　　9＿＿＿＿＿＿

(5) 固体 → 気体　　　10＿＿＿＿＿＿

(6) 気体 → 固体　　　11＿＿＿＿＿＿

気体

10　11　9　8

6

7

固体　　　液体

融解が起こる温度を 12＿＿＿＿＿＿という。また，液体の内部から蒸発が起こる現象を，13＿＿＿＿＿＿といい，そのときの温度を 14＿＿＿＿＿＿という。

物理変化と化学変化

状態変化のように，物質そのものは変わらない変化を 15＿＿＿＿＿＿＿という。

一方，水を電気分解すると，水素と酸素という別の物質に変わる。このように，ある物質が別の物質になる変化を 16＿＿＿＿＿＿＿という。

 氷 融点 加熱 水 沸点 加熱 水蒸気

 水 H_2O 分解 水素 H_2 と 酸素 O_2

15＿＿＿＿＿＿＿　　　16＿＿＿＿＿＿＿

粒子の熱運動と温度

　一般に，物質を構成している粒子はつねに不規則な運動をしている。このような粒子の不規則な運動を 17＿＿＿＿＿＿＿という。温度とは，粒子の熱運動の激しさを表す量である。18＿＿＿＿＿＿＿ほど粒子の熱運動は激しい。

　19＿＿＿＿＿＿＿＿＿（セルシウス温度，単位 ℃）は，水の融点を 0 ℃，沸点を 100 ℃とし，その間を 100 等分した温度である。

融解 →		蒸発 →
← 凝固		← 凝縮

20		21		22

粒子は細かく振動しているが
粒子の位置はかわらない。

粒子が運動して
位置が入れかわる。

すべての粒子が
自由に動く。

小　　　　　　　　　　　　　 23 　の激しさ　　　　　　　　　　大

20＿＿＿＿＿＿　　21＿＿＿＿＿＿　　22＿＿＿＿＿＿　　23＿＿＿＿＿＿

実験 3　空気温度計をつくろう

操作・結果

①ゼリーを入れたガラス管を，丸底フラスコに取りつける。

→

②丸底フラスコを冷やすと，空気の体積が 24 なりゼリーが下がる。

→

③丸底フラスコを温めると，空気の体積が 25 なりゼリーが上がる。

発展

一般の温度計は， 26 から温度をはかる。

24＿＿＿＿＿＿　　25＿＿＿＿＿＿　　26＿＿＿＿＿＿＿＿＿

●Memo●

13

1－1　補充問題

1

次の物質を，（ア）混合物，（イ）単体，（ウ）化合物に分類し，ア～ウを記入せよ。

(1)　黒鉛　　　　　[　　　　　]　　　(2)　空気　　　　　[　　　　　]

(3)　砂　　　　　　[　　　　　]　　　(4)　アンモニア　　[　　　　　]

(5)　アルゴン　　　[　　　　　]　　　(6)　メタン　　　　[　　　　　]

2

右図は海水から蒸留水を取り出す装置である。これについて問いに答えよ。

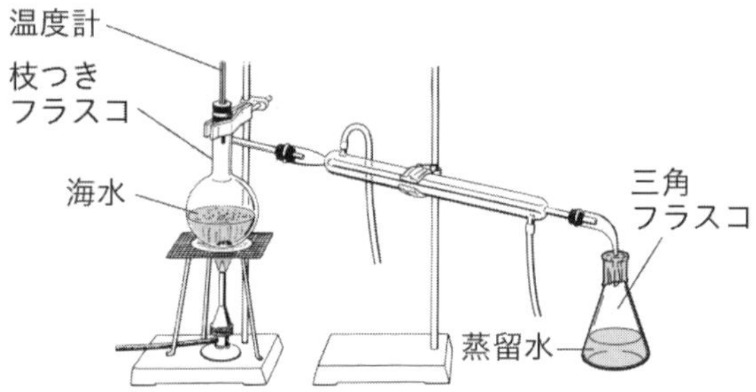

(1)　フラスコに入れる海水の量はどれくら

いが適しているか。　　　　[　　　　　]

　　a　沸騰石がつかるくらい

　　b　フラスコの 1/3 くらい

　　c　なるべくいっぱい

温度計／枝つきフラスコ／海水／三角フラスコ／蒸留水

(2)　温度計はどの位置にすればよいか。　　　　　　　　　　　　　[　　　　　]

　　a　海水につかるようにする　　b　枝つきフラスコの分かれ目　　c　なるべく上の部分

(3)　三角フラスコの口はどのようにすればよいか。　　　　　　　　[　　　　　]

　　a　ゴム栓で密栓する　　b　アルミニウム箔で軽くおおう　　c　何もおおわない

3

次の物質の分離方法と分離に利用した性質の違いを，下の解答群から選べ。

	分離方法	性質の違い
(1)　泥水から泥を分離する。	[　　　　　]	[　　　　　]
(2)　少量の塩化ナトリウムが混じっている硝酸カリウムから硝酸カリウムを取り出す。	[　　　　　]	[　　　　　]
(3)　昆布からうまみ成分を溶かしだす。	[　　　　　]	[　　　　　]

［解答群］

　　a　粒子の大きさの差　　b　溶媒への溶けやすさの違い　　c　溶解度の差

4 次の文の下線部は元素と単体のどちらの意味で用いられているか。「元素」または「単体」を記入せよ。

(1) 鉱山から銅やヒ素を含んだ水が川に流れ込み，鉱毒問題を起こした。 [　　　　　]

(2) 塩素は酸化力が強く，水道水の殺菌に利用されている。 [　　　　　]

(3) 電球のフィラメントには融点の高いタングステンが用いられる。 [　　　　　]

5 次の実験結果から確認できる元素は何か。元素記号で記入せよ。

(1) 海水の炎色反応は黄色である。 [　　　　　]

(2) 水道水に硝酸銀を入れると白く濁る。 [　　　　　]

(3) 砂糖を燃やして，でてきた気体を石灰水に通すと白く濁った。 [　　　　　]

6 右図は，固体を加熱して，液体，さらに気体まで変化させたときのようすを示している。
これについて次の問いに答えよ。

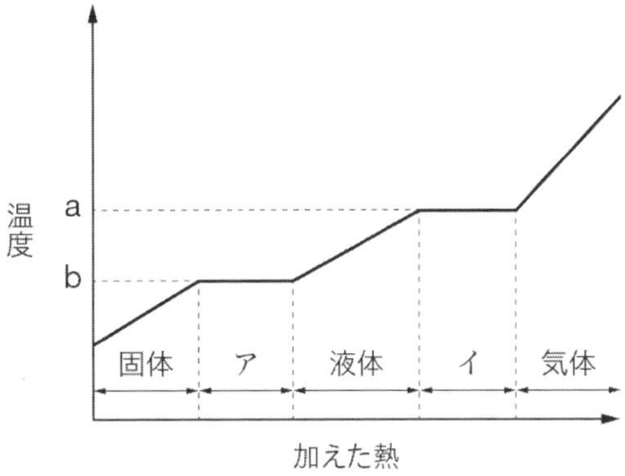

(1) a，b の温度を何というか。

　　　　　a [　　　　　] 　b [　　　　　]

(2) アとイではどのような変化が起きているか。

ア [　　　　　　　　　　　]

イ [　　　　　　　　　　　]

7 次の説明文は，固体・液体・気体のどの状態を説明したものか答えよ。

(1) 粒子は互いにぶつかり合いながら動きまわり，位置は固定されていない。 [　　　　　]

(2) 粒子は広い空間を自由に飛び回っている。 [　　　　　]

(3) 粒子はほとんど動くことができず，位置は固定されている。 [　　　　　]

Q ナトリウム原子は，陽子と電子をいくつずつもっているだろうか？

原子

すべての物質は，原子という小さな粒子からできている。

現在では，原子の構造について，次のことがわかっている。

・中心には ₁(正 ・ 負)の電気をもつ原子核がある。

・原子核は，₂(正 ・ 負)の電気をもつ陽子と電気をも

たない中性子からできている。

・原子核のまわりを ₃(正 ・ 負)の電気をもつ電子がまわっている。

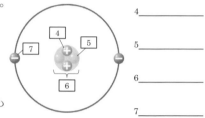

4＿＿＿＿＿＿

5＿＿＿＿＿＿

6＿＿＿＿＿＿

7＿＿＿＿＿＿

原子番号

粒子がもつ電気の量を ₈＿＿＿＿＿＿という。

陽子1個と電子1個がもつ電荷の絶対値は等しい。

原子は全体では電荷をもっていないので，原子中

の ₉＿＿＿＿＿＿の数と ₁₀＿＿＿＿＿＿の数は等

しくなる。陽子の数は，それぞれの元素によって

決まっていて，この数を ₁₁＿＿＿＿＿＿という。

粒子		電荷	質量[g]	質量比
原子核	陽子	12	1.673×10^{-24}	14
	中性子	0	1.675×10^{-24}	15
	電子	13	9.110×10^{-28}	$\dfrac{1}{1840}$

質量数

陽子の質量と中性子の質量は，ほぼ等しいが，電子の質量は，陽子や中性子に比べて非常に小

さい。そのため，原子の質量は，₁₆＿＿＿＿＿＿の数と ₁₇＿＿＿＿＿＿の数の和によってほぼ

決まる。これを ₁₈＿＿＿＿＿＿という。

《原子番号と質量数》

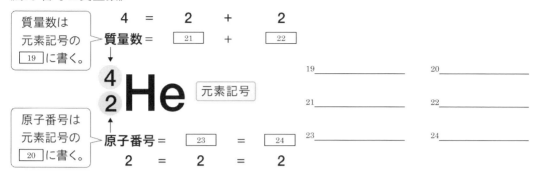

質量数は元素記号の 19 に書く。

4 = 2 + 2
質量数 = 21 + 22

⁴₂He 元素記号

原子番号は元素記号の 20 に書く。

原子番号 = 23 = 24
2 = 2 = 2

19＿＿＿＿＿＿＿＿＿ 20＿＿＿＿＿＿＿＿＿

21＿＿＿＿＿＿＿＿＿ 22＿＿＿＿＿＿＿＿＿

23＿＿＿＿＿＿＿＿＿ 24＿＿＿＿＿＿＿＿＿

問 1　次の原子の陽子，中性子，電子の数を書け。

(1)　⁴₂He　　　　　陽子＿＿＿＿＿　中性子＿＿＿＿＿　電子＿＿＿＿＿

(2)　¹³₆C　　　　　陽子＿＿＿＿＿　中性子＿＿＿＿＿　電子＿＿＿＿＿

(3)　²³₁₁Na　　　　陽子＿＿＿＿＿　中性子＿＿＿＿＿　電子＿＿＿＿＿

(4)　³⁵₁₇Cl　　　　陽子＿＿＿＿＿　中性子＿＿＿＿＿　電子＿＿＿＿＿

同位体

　同じ元素の原子でも，25＿＿＿＿＿＿＿の数が異なるために，質量数が異なる原子がある。これらの原子を互いに 26＿＿＿＿＿＿

（27＿＿＿＿＿＿＿＿＿）という。同位体は互いに質量は異なるが同じ種類の原子で，化学的な性質はほぼ同じである。

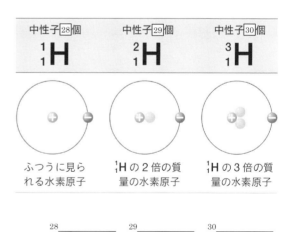

中性子 28 個　　中性子 29 個　　中性子 30 個

¹₁H　　　²₁H　　　³₁H

ふつうに見られる水素原子　　¹₁Hの2倍の質量の水素原子　　¹₁Hの3倍の質量の水素原子

28＿＿＿＿＿　29＿＿＿＿＿　30＿＿＿＿＿

放射性同位体

　同位体の中には，原子核が不安定で，31＿＿＿＿＿＿＿を出して別の原子に変わるものがある。このような同位体を 32＿＿＿＿＿＿＿＿＿（33＿＿＿＿＿＿＿＿＿＿＿）といい，その数がもとの半分になるまでの時間を 34＿＿＿＿＿＿＿という。

1-2　②　電子配置とイオン　p.28〜29　　　　月　　日

Q ナトリウム原子は陽イオンになりやすい？陰イオンになりやすい？

● 電子配置

原子核のまわりをまわっている電子の道すじを

1_____という。電子殻は，原子核に近い方

から順に，2_____とよぶ。

それぞれの電子殻に入ることができる電子の数は

決まっていて，右図のとおりである。

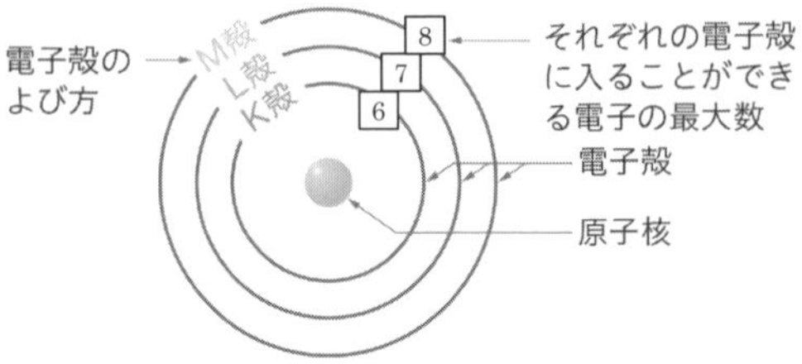

電子殻の
よび方

M殻
L殻
K殻

8
7
6

それぞれの電子殻
に入ることができ
る電子の最大数

電子殻

原子核

6_____　7_____　8_____

電子は，原則として内側の電子殻から順に詰まっていく。このような電子殻への電子の入り方

を 3_____という。

最も外側の電子殻にある電子は 4_____とよばれ，原子が結合するときに重要な

働きをする。そのため，結合に関係する電子という意味で，5_____ということもある。

周期 ＼ 族	1	2	13	14	15	16	17	18
1 最外殻 K殻	(1+) ₁H	最外殻の青い点 ● が価電子。貴ガス(18族の元素)の原子は結合をつくりにくいので，価電子の数は0とみなす。						(2+) ₂He
2 最外殻 L殻	(3+) ₃Li	(4+) ₄Be	(5+) ₅B	(6+) ₆C	(7+) ₇N	(8+) ₈O	(9+) ₉F	(10+) ₁₀Ne
3 最外殻 M殻	(11+) ₁₁Na	(12+) ₁₂Mg	(13+) ₁₃Al	(14+) ₁₄Si	(15+) ₁₅P	(16+) ₁₆S	(17+) ₁₇Cl	(18+) ₁₈Ar
価電子	9	10	11	12	13	14	15	16

安定な電子配置

一般に，最外殻電子の数が，K 殻なら 17＿＿＿＿＿個，ほかの電子殻なら 18＿＿＿＿＿個のとき，安定な電子配置になる。このような電子配置をもつヘリウム He，ネオン Ne，アルゴン Ar などは，結合しにくい気体で 19＿＿＿＿＿＿＿とよばれる。

ヘリウム He の電子配置　　　K 殻 20＿＿＿＿＿個

ネオン Ne の電子配置　　　K 殻 21＿＿＿＿＿個，L 殻 22＿＿＿＿＿個

アルゴン Ar の電子配置　　　K 殻 23＿＿＿＿＿個，L 殻 24＿＿＿＿＿個，M 殻 25＿＿＿＿＿個

イオンの生成

原子が電子を 26 (失う ・ 受け取る) ことで生成する 27＿＿＿＿＿の電荷をもったイオンを 28＿＿＿＿＿＿＿という。また，原子が電子を 29 (失う ・ 受け取る) ことで生成する 30＿＿＿＿＿の電荷をもったイオンを 31＿＿＿＿＿＿＿という。

イオンの価数とイオンの化学式

イオンの電荷は，やりとりする 32＿＿＿＿＿＿の数で表す。この数をイオンの価数といい，価数が 1，2，…のことを 1 価，2 価，…という。

単原子イオンと多原子イオン

ナトリウムイオン Na^+ や硫化物イオン S^{2-} のように，33＿＿＿＿個の原子からできているイオンを 34＿＿＿＿＿＿＿＿＿という。水酸化物イオン OH^- や硫酸イオン SO_4^{2-} のように，35＿＿＿＿個以上の原子の集まり（原子団）からできているイオンを 36＿＿＿＿＿＿＿＿＿という。

問 2　次のイオンのうち，ネオン原子 Ne と同じ電子配置をもつものをすべて選べ。

(1) ナトリウムイオン　　(2) 塩化物イオン　　(3) カルシウムイオン　　(4) 酸化物イオン

(5) リチウムイオン　　(6) 水素イオン　　　　　　　＿＿＿＿＿＿＿＿＿

Q　周期表の一番左側の列には，どのような元素が並んでいるだろうか？

周期表

　元素を原子番号の順に並べると，性質の似た元素が周期的に現れる。このような元素の性質の規則性を，元素の 1＿＿＿＿＿＿＿＿という。元素を 2＿＿＿＿＿＿＿＿順に並べ，性質の似た元素が同じ縦の列に並ぶように配列した表を，元素の 3＿＿＿＿＿＿＿という。周期表の縦の列を 4＿＿＿＿＿＿といい，横の行を 5＿＿＿＿＿＿という。

族	1	2	3	4	5	6	7	8	9	10	11	12	13	14	15	16	17	18	族
周期 1	$_1$H																	$_2$He	1
2	$_3$Li	$_4$Be											$_5$B	$_6$C	$_7$N	$_8$O	$_9$F	$_{10}$Ne	2
3	$_{11}$Na	$_{12}$Mg											$_{13}$Al	$_{14}$Si	$_{15}$P	$_{16}$S	$_{17}$Cl	$_{18}$Ar	3
4	$_{19}$K	$_{20}$Ca	$_{21}$Sc	$_{22}$Ti	$_{23}$V	$_{24}$Cr	$_{25}$Mn	$_{26}$Fe	$_{27}$Co	$_{28}$Ni	$_{29}$Cu	$_{30}$Zn	$_{31}$Ga	$_{32}$Ge	$_{33}$As	$_{34}$Se	$_{35}$Br	$_{36}$Kr	4
5	$_{37}$Rb	$_{38}$Sr	$_{39}$Y	$_{40}$Zr	$_{41}$Nb	$_{42}$Mo	$_{43}$Tc	$_{44}$Ru	$_{45}$Rh	$_{46}$Pd	$_{47}$Ag	$_{48}$Cd	$_{49}$In	$_{50}$Sn	$_{51}$Sb	$_{52}$Te	$_{53}$I	$_{54}$Xe	5
6	$_{55}$Cs	$_{56}$Ba	57〜71	$_{72}$Hf	$_{73}$Ta	$_{74}$W	$_{75}$Re	$_{76}$Os	$_{77}$Ir	$_{78}$Pt	$_{79}$Au	$_{80}$Hg	$_{81}$Tl	$_{82}$Pb	$_{83}$Bi	$_{84}$Po	$_{85}$At	$_{86}$Rn	6
7	$_{87}$Fr	$_{88}$Ra	89〜103	$_{104}$Rf	$_{105}$Db	$_{106}$Sg	$_{107}$Bh	$_{108}$Hs	$_{109}$Mt	$_{110}$Ds	$_{111}$Rg	$_{112}$Cn	$_{113}$Nh	$_{114}$Fl	$_{115}$Mc	$_{116}$Lv	$_{117}$Ts	$_{118}$Og	7

原子番号①〜⑱までの元素記号を書いてみよう。

①＿＿＿＿　②＿＿＿＿　③＿＿＿＿　④＿＿＿＿　⑤＿＿＿＿　⑥＿＿＿＿　⑦＿＿＿＿　⑧＿＿＿＿　⑨＿＿＿＿

⑩＿＿＿＿　⑪＿＿＿＿　⑫＿＿＿＿　⑬＿＿＿＿　⑭＿＿＿＿　⑮＿＿＿＿　⑯＿＿＿＿　⑰＿＿＿＿　⑱＿＿＿＿

イオン化エネルギー

　気体状態の原子を 1 価の 6＿＿＿＿＿＿＿にするのに必要なエネルギーを，その原子の 7＿＿＿＿＿＿＿＿＿＿＿＿＿という。イオン化エネルギーが小さい原子ほど，陽イオンになりやすい。イオン化エネルギーの値は周期的に変化し，同じ周期では 8＿＿＿＿＿＿＿＿＿で最小値を，9＿＿＿＿＿＿＿で最大値を示す。

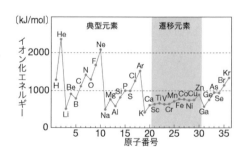

元素の分類と電子配置

■金属元素と非金属元素■

単体が金属であるものを 10＿＿＿＿＿＿＿＿という。金属元素は周期表の 11（ 右上・右下・左上・左下 ）から中央にかけて位置する。また，金属元素以外の元素を 12＿＿＿＿＿＿＿＿という。非金属元素はおもに周期表の 13（ 右上・右下・左上・左下 ）に位置する。

■典型元素と遷移元素■

周期表の 14＿＿＿族，15＿＿＿族および 16＿＿＿族から 17＿＿＿族までの元素を 18＿＿＿＿＿＿＿＿という。典型元素の同じ族の元素の原子は，価電子の数が等しい。元素の化学的性質の多くは価電子の数で決まるので，典型元素の同じ族の元素は互いに性質が似ている。

周期表の 19＿＿＿族から 20＿＿＿族までの元素を 21＿＿＿＿＿＿＿＿という。遷移元素はすべて 22（ 金属 ・ 非金属 ）元素で，周期表でとなりあった元素の性質が似ている。

次の 4 つの族の元素は，特に性質が似ているので，特別な名称でよばれている。

H を除く 1 族の元素　　　23＿＿＿＿＿＿＿＿＿＿＿

2 族の元素　　　　　　　24＿＿＿＿＿＿＿＿＿＿＿

17 族の元素　　　　　　　25＿＿＿＿＿＿＿＿＿＿＿

18 族の元素　　　　　　　26＿＿＿＿＿＿＿＿＿＿＿

●Memo●

1-2 補充問題

月　　日

1　次の物質の元素記号をかけ。

水素	[　　　　]	ナトリウム	[　　　　]
窒素	[　　　　]	アルミニウム	[　　　　]
酸素	[　　　　]	カルシウム	[　　　　]
ネオン	[　　　　]	鉄	[　　　　]
金	[　　　　]	プルトニウム	[　　　　]

2　原子を構成する粒子について示した表をもとに問いに答えよ。

	^1H	^2H	^{12}C	^{14}C	^{35}Cl
原子番号	1	[　　]	[　　]	[　　]	17
陽子の数	[　　]	1	[　　]	[　　]	[　　]
中性子の数	0	[　　]	6	[　　]	[　　]
電子の数	[　　]	[　　]	6	6	[　　]
質量数	[　　]	[　　]	[　　]	[　　]	[　　]

(1)　表の空欄を埋めよ。

(2)　元素の種類は何によって決まるか。 [　　　　　　]

(3)　表の中で同位体の関係にある原子はどれか。 [　　　　　　]

3　イオンの生成について次に述べた文章についてあてはまる語句を書け。

　原子は電気的に中性であるが原子から電子を取り去ると原子全体としては [1　　　　] 電荷をもつようになり，[2　　　　] イオンとなる。逆に原子が電子を受け取ると，原子全体として [3　　　　] 電荷をもち，[4　　　　] イオンとなる。ナトリウム原子は価電子が [5　　　　] 個であるために，この電子を放出して1価の [6　　　　] イオンになり貴ガスの [7　　　　] と同じ電子配置になる。また塩素は価電子が [8　　　　] 個で，あと1個の電子があれば貴ガス原子である [9　　　　] と同じ電子配置になるので電子を1個取り入れて1価の [10　　　　] イオンになる。

4 ある原子では図のように K 殻，L 殻，M 殻にそれぞれ 2，8，2 個の電子が配置されている。これについて，次の問いに答えよ。

(1) 原子番号と元素記号，元素名を示せ。

原子番号 [   ]　　元素記号 [   ]

元素名 [   ]

(2) 価電子の数は何個か。[   ]

(3) この元素はイオンになると何価のイオンで陽イオンか陰イオンか。[   ]

(4) この元素と同じ族にある元素を元素記号で一つ答えよ。[   ]

5 次の原子の電子配置を示し，イオンになったときのイオンの化学式を示せ。

	$_1$H	$_9$F	$_{11}$Na	$_{12}$Mg	$_{17}$Cl
K 殻	1	[ ]	[ ]	[ ]	[ ]
L 殻	0	[ ]	[ ]	[ ]	[ ]
M 殻	0	[ ]	[ ]	[ ]	[ ]
化学式	H^+	[ ]	[ ]	[ ]	[ ]

6 周期表について問いに答えよ。

(1) 周期表を最初につくったのは何という科学者か。下から選べ。

アボガドロ　　メンデレーエフ　　ラボアジエ　　ドルトン　　[   ]

(2) 周期表における縦の並びは族というが，横の並びは何というか。[   ]

(3) アルカリ金属，アルカリ土類金属，ハロゲン，貴ガスの族番号はそれぞれ何番か。

アルカリ金属 [   ]　　アルカリ土類金属 [   ]　　ハロゲン [   ]　　貴ガス [   ]

(4) 以下の文章のうち正しいものには○，まちがっているものには×をつけよ。

a　同じ族の元素は性質が似ている。[   ]

b　ハロゲンは典型元素の金属元素である。[   ]

c　第1周期の元素は K 殻，第2周期の元素は L 殻に最も外側の電子が存在する。[   ]

章末問題

検印欄

2－1　 イオン結合　p.40〜41　　　　月　　日

検印欄

Q 陽イオンと陰イオンの間には，どのような力が働くのだろうか？

● イオン結合

1＿＿＿＿＿＿＿＿＿＿と 2＿＿＿＿＿＿＿＿＿＿が

3＿＿＿＿＿＿＿＿＿＿＿＿＿（クーロン力ともいう）で引

きあい，互いの電荷を打ち消すような比で結びついて

できる結合を，4＿＿＿＿＿＿＿＿＿＿という。

イオンの生成

放出する　　　受け取る

11+　　　　17+

Na　　　　　Cl

イオン結合

11+　　→　17+

引き
あう

5　　　　　　6

5＿＿＿＿＿＿＿　6＿＿＿＿＿＿＿

● イオン結晶

原子・分子・イオンなどの粒子が結合して同じ配列

がくり返されている固体を 7＿＿＿＿＿＿という。イ

オン結合でできている結晶は，8＿＿＿＿＿＿＿＿＿＿とよばれる。

塩化ナトリウム NaCl のように 9＿＿＿＿＿＿＿＿と 10＿＿＿＿＿＿＿＿＿からなる物質は，

一般にイオン結晶である。

● 組成式

イオン結晶を表す場合には，陽イオンと陰イオンの元素の種類とその数の比を示した

11＿＿＿＿＿＿＿＿＿を使う。

● イオン結晶の組成式の書き方

《組成式の書き方》

1. 陽イオンの元素記号を先に書き，陰イオンの元素記号を後に書く。

2. 陽イオンの正電荷と陰イオンの負電荷が打ち消しあうようなイオンの数の比を求める。

28

陽イオンの 12＿＿＿＿＿＿＿×陽イオンの数

＝陰イオンの 13＿＿＿＿＿＿＿×陰イオンの数

たとえば,

Na⁺（1価の陽イオン）と Cl⁻（1価の陰イオ

ン）は, 14＿＿＿＿＿:＿＿＿＿＿の比で結合する。

Na⁺（1価の陽イオン）と CO_3^{2-}（2価の陰イ

オン）は, 15＿＿＿＿＿:＿＿＿＿＿の比で結合する。

塩化　　ナトリウム

Na^+　と　Cl^-

$1 \times 1 = 1 \times 1$

Na_1Cl_1
　　　　　　　　　省略

NaCl

× Na_1Cl_1

組成式は,
陽イオンを先に
陰イオンを後に
書く（名称と逆）。

Na^+は　Cl^-は
1価　　　1価
$Na^+ : Cl^- = 1 : 1$
の数の比になる。

この数字を元素記号の
右下に書く（1は省略）。

3．イオンの数を最も簡単な整数の比にしてそれぞれの元素記号の右下に書く。

《イオン結合をしている物質の名称の付け方》

1．陽イオンと陰イオンの名称をならべて書く。このとき, 16＿＿＿＿＿＿＿＿＿イオンの名称を先に書く。

2．各イオンの名称から不必要な部分を省略する。

陽イオン　○○イオン → ○○

陰イオン　□□化物イオン → □□化　　△△酸イオン → △△酸

🖊 ドリル　❶　次のイオンの組み合わせでできる物質の組成式と名称を答えよ。

(1)　Mg^{2+} と O^{2-}　＿＿＿＿＿＿＿＿

(2)　Ag^+ と NO_3^-　＿＿＿＿＿＿＿＿

(3)　Cu^{2+} と SO_4^{2-}　＿＿＿＿＿＿＿＿

(4)　Ca^{2+} と Cl^-　＿＿＿＿＿＿＿＿

(5)　Na^+ と S^{2-}　＿＿＿＿＿＿＿＿

(6)　Na^+ と SO_4^{2-}　＿＿＿＿＿＿＿＿

(7)　Ba^{2+} と OH^-　＿＿＿＿＿＿＿＿

(8)　Fe^{3+} と NO_3^-　＿＿＿＿＿＿＿＿

🖊 ドリル　❷　次の物質の組成式を答えよ。

(1)　塩化カリウム　＿＿＿＿＿＿＿

(2)　炭酸カルシウム　＿＿＿＿＿＿＿

(3)　塩化銅（Ⅱ）　＿＿＿＿＿＿＿

(4)　炭酸ナトリウム　＿＿＿＿＿＿＿

(5)　酸化鉄（Ⅱ）　＿＿＿＿＿＿＿

(6)　酸化鉄（Ⅲ）　＿＿＿＿＿＿＿

(7)　酸化アルミニウム　＿＿＿＿＿＿＿

(8)　水酸化カルシウム　＿＿＿＿＿＿＿

Q 塩化ナトリウムの水溶液は，電気を通すだろうか？

イオン結晶の融点

イオン結晶を加熱すると，イオン結合が切れてイオンが自由に動けるようになり，イオン結晶は 1_____になる。

イオン結合はかなり 2(強い ・ 弱い)結合なので，結合を切るためには，温度を高くする必要がある。そのためイオン結晶が融解する温度（融点）は 3(高い ・ 低い)。

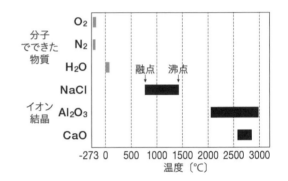

イオン結晶の電気伝導性

イオンは電荷をもっているが，結晶の状態ではイオンの位置が決まっており，イオンが自由に移動できない。そのため，イオン結晶は電気を 4(通す ・ 通さない)。

イオン結晶を加熱して液体の状態にすると，イオンが移動できるようになり，電気を 5(通す ・ 通さない)ようになる。

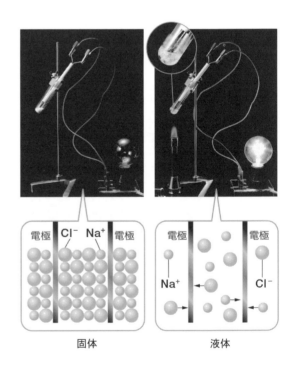

固体　　　　　液体

電解質と非電解質

水溶液が電気を通す物質を 6＿＿＿＿＿＿＿＿と

いい, 通さない物質を 7＿＿＿＿＿＿＿＿という。

一般に, イオン結晶は水に溶けやすく, その多

くは電解質である。イオン結晶は, 水に溶けると

陽イオンと陰イオンに分かれる。これを

8＿＿＿＿＿＿という。電離したイオンが水溶液中

を自由に移動できるので, イオン結晶の水溶液は

電気を 9(通す ・ 通さない)。

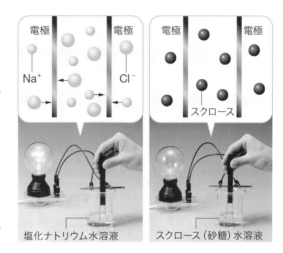

塩化ナトリウム水溶液　　スクロース(砂糖)水溶液

イオン結晶の利用

名称	用途
10	調味料など
11	ベーキングパウダー, 入浴剤など
12	除湿剤, 融雪剤など
13	チョーク, セメントなど

実験 1 塩化ナトリウムの電気伝導性

結　果

分類	電気を通したか
固体	×
水溶液	○
液体	○

考　察

固体では電気を 14＿＿＿＿＿＿＿＿が, 水溶液や液体

にするとイオンが移動でき, 電気を 15＿＿＿＿＿＿よ

うになる。

●Memo●

2-2 ① 分子と共有結合 p.44〜45 月 日

Q 水素分子は，どのようにして2個の水素原子が結びついているのだろうか？

分子

非金属元素の原子が結びついてできた粒子を

1＿＿＿＿＿＿という。たとえば，水素，酸素，水，

メタンは，どれも分子である。

2＿＿＿＿＿＿＿＿は，炭素原子を骨格とする

化合物（二酸化炭素，一酸化炭素，炭酸塩などは

除く）であり，その多くが分子である。有機化合

物以外の物質は3＿＿＿＿＿＿＿とよばれる。

分子式

分子は，分子を構成する元素の原子の種類を元

素記号で表し，原子の数（1のときは省略）を元

素記号の右下に書いた4＿＿＿＿＿＿で表す。

たとえば，水素分子は H_2，酸素分子は O_2 と表す。

水素分子や酸素分子のように2個の原子からなる

分子を5＿＿＿＿＿＿＿という。また，水分

子 H_2O やメタン分子 CH_4 のように3個以上の原子

からなる分子を6＿＿＿＿＿＿＿という。

ヘリウムやアルゴンなど貴ガスの単体は，原子

1個がそのまま分子としてふるまうので，

7＿＿＿＿＿＿＿という。

[8] の分子

水素分子 H_2　　酸素分子 O_2　　ヘリウム分子 He

[9]分子　　[10]分子　　[11]分子

水分子 H_2O　　アンモニア分子 NH_3

[12]分子　　[13]分子

8＿＿＿＿＿＿＿　　9＿＿＿＿＿＿＿

10＿＿＿＿＿＿＿　　11＿＿＿＿＿＿＿

12＿＿＿＿＿＿＿　　13＿＿＿＿＿＿＿

[14] の分子

メタン分子 CH_4　　エチレン分子 C_2H_4

[15]分子　　[16]分子

エタノール分子 C_2H_5OH　　酢酸分子 CH_3COOH

[17]分子　　[18]分子

14＿＿＿＿＿＿＿　　15＿＿＿＿＿＿＿

16＿＿＿＿＿＿＿　　17＿＿＿＿＿＿＿

18＿＿＿＿＿＿＿

共有結合と分子の形成

2 個の非金属元素の原子が，それぞれの原子がもつ 19＿＿＿＿＿＿＿＿を出しあい，それを共有している結合を 20＿＿＿＿＿＿＿＿という。

■水素分子 H_2 の形成■

2 個の水素原子 H が共有結合して水素分子 H_2 ができるとき，2 個の水素原子はそれぞれ価電子を 1 個ずつ出しあい，その 2 個の電子を原子間で共有する。

21＿＿＿＿＿＿＿

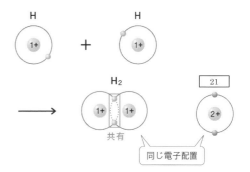

■水分子 H_2O の形成■

2 個の水素原子 H と 1 個の酸素原子 O が共有結合して水分子 H_2O ができるときは，水素原子 H と酸素原子 O がそれぞれ価電子を 1 個ずつ出しあい，その 2 個の電子を水素原子と酸素原子の間で共有する。

22＿＿＿＿＿＿＿

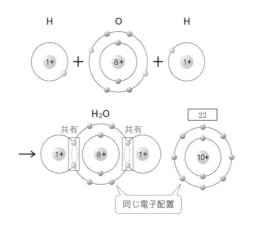

問 1 次の分子において，原子の価電子が共有されているようすを，上図にならって書け。

(1) 塩素分子 Cl_2

(2) アンモニア分子 NH_3

●Memo●

2－2 ② 分子の電子式と構造式　p.46〜47　月　日

検印欄

Q 水分子 H_2O はどのような形をしているだろうか？

電子式

　元素記号の上下左右に最外殻電子を点「・」で書き加えた式を電子式という。電子式では，対になっている電子「：」や「・・」を 1＿＿＿＿＿＿＿といい，対になっていない電子「・」を 2＿＿＿＿＿＿＿という。電子は対をつくると安定になる。

《電子式の書き方》

1. 最外殻電子が 4 個以下のとき…元素記号の上下左右に点を 1 個ずつ書く。

2. 最外殻電子が 5 個以上のとき…元素記号の上下左右に点を 1 個ずつ書いた後，5 個目以降は上下左右に 2 個で 1 セットにする。

例　　炭素原子　　　　　　酸素原子　　　　　　　　　「・」を書いてみよう
　　　→最外殻電子 4 個　　→最外殻電子 6 個

$\cdot \overset{\displaystyle \cdot}{\underset{\displaystyle \cdot}{C}} \cdot$　　　$\cdot \overset{\displaystyle \cdot \cdot}{\underset{\displaystyle \cdot \cdot}{O}} \cdot$　　　　　Ne　　Cl

共有電子対と非共有電子対

　分子では，すべての電子が電子対をつくっている。電子対のうち，共有結合をつくっているものを 3＿＿＿＿＿＿＿，つくっていないものを 4＿＿＿＿＿＿＿という。

	水素 H_2	水 H_2O	アンモニア NH_3
電子式	H｛・・｝H	・・ H｛・・｝O｛・・｝H ・・	・・ H｛・・｝N｛・・｝H H
構造式	H－H ↑ 単結合　[14]形	H－O－H　[15]形	H－N－H ｜ H　[16]形

14＿＿＿＿＿＿＿　　　15＿＿＿＿＿＿＿　　　16＿＿＿＿＿＿＿

構造式

1 組の共有電子対からなる共有結合を 5＿＿＿＿＿＿＿，

2 組および 3 組の共有電子対からなる共有結合を，それぞ

れ 6＿＿＿＿＿＿＿，7＿＿＿＿＿＿＿という。分子中

の単結合を 1 本の線（二重結合は 2 本，三重結合は 3 本の

線）で表した式を 8＿＿＿＿＿＿＿といい，共有結合を表

すこのような線を価標という。

構造式で，1 個の原子から出ている価標の数をその原子の 9＿＿＿＿＿＿＿という。原子価は，

一般に，その原子がもつ不対電子の数に相当する。構造式は各原子の価標が余らないように書く。

配位結合

一方の原子の非共有電子対が他方の原子に提供されて

できる共有結合を，特に 10＿＿＿＿＿＿＿という。配位

結合と，もとからある共有結合とは，それぞれ結合ができ

るしくみが異なるだけで，どちらも同等であり

11＿＿＿＿＿＿＿ことができない。

12＿＿＿＿＿＿＿＿＿＿＿＿＿＿

13＿＿＿＿＿＿＿＿＿＿＿＿＿＿

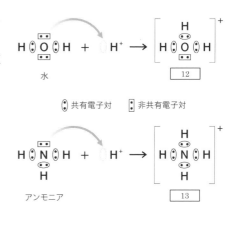

水 H_2O　二酸化炭素 CO_2

非共有電子対

共有電子対

電子式　構造式

H－O－H　O＝C＝O

共有電子対　非共有電子対

水

アンモニア

12

13

●Memo●

メタン CH_4	二酸化炭素 CO_2	窒素 N_2
H－C－H の 17 形	O＝C＝O 二重結合 18 形	N≡N 三重結合 19 形

17＿＿＿＿＿＿　18＿＿＿＿＿＿　19＿＿＿＿＿＿

2－2 ❸ 分子の極性 p.48～49 月 日

Q ヨウ素 I_2 は，水とヘキサンのどちらに溶けやすいだろうか？

電気陰性度

共有結合している原子間において，原子が共有電子対を引きよせる強さを数値で表したものを 1＿＿＿＿＿＿＿＿＿＿という。電気陰性度の値が大きい元素の原子ほど，共有電子対を引きよせる力が 2（ 強い・弱い ）。

一般に，電気陰性度の値は，金属元素より 3＿＿＿＿＿＿＿＿＿＿のほうが大きい。また，貴ガスを除き，周期表の 4（ 左上・左下・右上・右下 ）にある元素ほど大きくなる傾向にある。

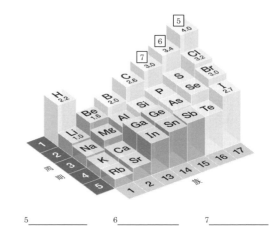

5＿＿＿＿＿＿ 6＿＿＿＿＿＿ 7＿＿＿＿＿＿

結合の極性

塩化水素分子 HCl のように異なる元素の原子が共有結合をつくると，共有電子対は電気陰性度の 8（ 小さい・大きい ）Cl 原子に強く引かれる。そのため，H 原子はわずかに 9＿＿＿＿＿＿の電荷を帯び，Cl 原子はわずかに 10＿＿＿＿＿＿の電荷を帯びる。

このように共有結合をしている原子間にみられる電荷のかたよりを結合の 11＿＿＿＿＿＿という。

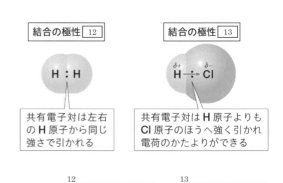

結合の極性 12	結合の極性 13
H : H	H ÷ Cl
共有電子対は左右の H 原子から同じ強さで引かれる	共有電子対は H 原子よりも Cl 原子のほうへ強く引かれ電荷のかたよりができる

12＿＿＿＿＿＿ 13＿＿＿＿＿＿

分子の極性

水素分子 H_2 のように極性のない分子を 14＿＿＿＿＿＿＿＿＿＿＿といい，塩化水素分子 HCl のように極性がある分子を 15＿＿＿＿＿＿＿＿＿という。

| 18 分子 |

二酸化炭素(直線形)　メタン(正四面体形)

| 16 分子 | | 17 分子 |

水素　　　塩素　　　塩化水素

| 19 分子 |

水(折れ線形)　アンモニア(三角錐形)

16＿＿＿＿＿＿＿＿　　17＿＿＿＿＿＿＿＿　　18＿＿＿＿＿＿＿＿　　19＿＿＿＿＿＿＿＿

分子の極性と水への溶解性

アンモニア NH_3 や塩化水素 HCl のように水に溶けやすい分子は 20＿＿＿＿＿＿＿＿＿＿である。一方，ヨウ素 I_2 のような無極性分子は水に溶けにくく，21＿＿＿＿＿＿＿＿＿＿＿であるヘキサン C_6H_{14} によく溶ける。

実験 1 分子の極性と溶解性

考察

ヨウ素は 22 なので， 23 の水には溶けにくく， 24 のヘキサンに溶ける。

22＿＿＿＿＿＿＿＿＿＿　　23＿＿＿＿＿＿＿＿＿＿　　24＿＿＿＿＿＿＿＿＿＿

●Memo●

＿＿

＿＿

＿＿

＿＿

2−2　④ 分子間力と分子結晶　p.50〜51　月　日

Q ドライアイスはどうして気体になりやすいのだろうか？

分子間力と分子結晶

　分子の間には弱い力が働いている。これを 1＿＿＿＿＿＿＿という。分子が分子間力で結びついた結晶を 2＿＿＿＿＿＿＿という。

ドライアイス
（二酸化炭素の固体）

二酸化炭素 CO_2

分子結晶の性質

　分子間力は，3（ 弱い ・ 強い ）力であり，分子結晶は融点が 4（ 低い ・ 高い ）。また，分子結晶は沸点も 5（ 低い ・ 高い ）。分子結晶の中には，ドライアイスやヨウ素のように，液体をへず直接気体になる（6＿＿＿＿＿＿する）物質もある。

　分子は電荷をもたないので，分子結晶は電気を 7（ 通す ・ 通さない ）。液体にして分子が移動できるようになっても，電気を 8（ 通す ・ 通さない ）。

ヨウ素

ヨウ素 I_2

分子結晶の利用

名称	用途
9	保冷剤など
10	衣類用の防虫剤など

■**分子間力**■ 🌀発展　分子間力は右図のように分類され，11_____や 12_____などがある。

分子間力	ファンデルワールス力	全分子間に働く弱い引力
		極性分子間の静電気的な引力
	水素結合	

■**ファンデルワールス力**■ 🌀発展　すべての分子間に働く弱い引力を 13_____という。

　一般に，性質や構造の似た分子の間では，分子量が大きくなるほどファンデルワールス力は 14(大きく ・ 小さく)なる。

　塩化水素 HCl などの極性分子の場合，さらに 15_____が加わるため，分子量が同程度の無極性分子よりもファンデルワールス力が 16(大きく ・ 小さく)なる。

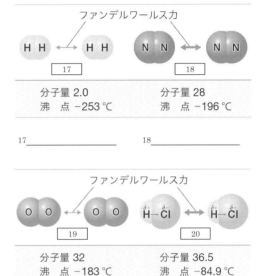

ファンデルワールス力

17	18
分子量 2.0	分子量 28
沸　点 -253℃	沸　点 -196℃

17_____　　18_____

ファンデルワールス力

19	20
分子量 32	分子量 36.5
沸　点 -183℃	沸　点 -84.9℃

19_____　　20_____

■**水素結合**■ 🌀発展　水 H_2O やアンモニア NH_3 のように，電気陰性度の大きな O 原子や N 原子が H 原子と結合した分子では，一般の極性分子に比べてファンデルワールス力より 21(大きな ・ 小さな)分子間力が働く。これは，H 原子と他の分子中の電気陰性度の 22(大きい ・ 小さい)O 原子や N 原子とが引きあって，結合をつくるからである。このような，水素原子をなかだちとしてできる分子間力を，とくに 23_____という。分子間に水素結合ができると，沸点は非常に 24(高く ・ 低く)なる。

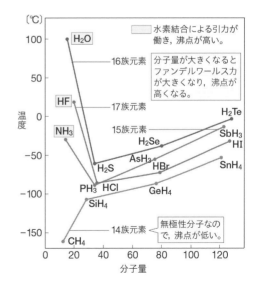

水素結合による引力が働き，沸点が高い。

分子量が大きくなるとファンデルワールス力が大きくなり，沸点が高くなる。

無極性分子なので，沸点が低い。

Q 高分子化合物の名称につく「ポリ」には，どのような意味があるだろうか？

高分子化合物

分子量がきわめて大きい化合物を 1＿＿＿＿＿＿＿＿＿という。高分子化合物は，小さな分子を数多く共有結合させてつくる。このとき，原料になる小さな分子を 2＿＿＿＿＿＿

（3＿＿＿＿＿＿），モノマーが多数結合する反応を 4＿＿＿＿＿＿といい，できた高分子化合物を 5＿＿＿＿＿＿（6＿＿＿＿＿＿）という。代表的な重合反応として 7＿＿＿＿＿＿＿と 8＿＿＿＿＿＿＿がある。

高分子化合物の利用

付加重合（二重結合が開いてつながる重合）でできた高分子化合物

名称	特徴
9	エチレンがモノマー，フィルムや容器として使用。
10	プロピレンがモノマー，容器などに使用。
11	スチレンがモノマー，透明なケースなどに使用。
12	塩化ビニルがモノマー，コードの被覆やパイプに使用。

ポリ袋

風呂用品

CD のケース

水道管

縮合重合（簡単な分子がとれてつながる重合）でできた高分子化合物

名称	特徴
13	英語名の頭文字をとって PET という。透明で強度が大きい。ボトルや繊維に使われる。
14	世界最初の合成繊維。強度が大きく耐久性にすぐれ，ストッキングやつり糸に使われる。

分子からなる物質の利用

無機分子（無機物質の分子）の利用

名称	特徴
水素 H_2	無色・無臭の気体。気体の中で最も 15（ 軽い ・ 重い ）。燃料電池やロケットの燃料などに使われている。
窒素 N_2	無色・無臭の気体。空気の約 16＿＿＿＿＿＿％は窒素である。反応性に 17＿＿＿＿＿＿＿＿，食品の酸化防止のため袋に詰められている。
酸素 O_2	無色・無臭の気体。空気の約 18＿＿＿＿＿＿％を占める。酸素吸入や金属の溶接などに利用されている。
二酸化炭素 CO_2	19＿＿＿＿＿＿色・20＿＿＿＿＿＿臭の気体。炭酸飲料水の泡は二酸化炭素である。固体はドライアイスとよばれ，保冷剤になる。

水素ステーション

有機分子（有機化合物の分子）の利用

名称	特徴
メタン CH_4	21＿＿＿＿＿＿＿＿の主成分。都市ガスなど燃料に使われている。 22＿＿＿＿＿＿色・23＿＿＿＿＿＿臭の気体だが，都市ガスはにおいがつけてある。
エチレン C_2H_4	24＿＿＿＿＿＿色で甘いにおいの気体。ポリエチレンなどの石油化学製品の原料になる。果実の成熟を促進させる働きもある。
エタノール C_2H_5OH	25＿＿＿＿＿＿色で特有なにおいのある液体。アルコールの一種で，26＿＿＿＿＿＿類に含まれる。消毒薬としても用いられる。
酢酸 CH_3COOH	27＿＿＿＿＿＿色・28＿＿＿＿＿＿臭の液体。食酢に含まれている。医薬品や合成繊維などの原料になる。

●Memo●

紙に鉛筆で文字が書けるのは，どうしてだろうか？

共有結合の結晶

炭素原子 C やケイ素原子 Si などは，多数の原子が 1＿＿＿＿＿＿結合だけで次々に結びつき，結晶をつくる。このような結晶を 2＿＿＿＿＿＿＿＿＿という。

共有結合の結晶の化学式は，ダイヤモンドや黒鉛は C，ケイ素は Si，二酸化ケイ素は SiO_2 のように 3＿＿＿＿＿＿で表す。

ダイヤモンド

ダイヤモンドは，炭素原子が 4 個の価電子を使ってとなりあう 4 個の炭素原子と次々に共有結合をつくり，正四面体をつなげた立体構造をしている。

ダイヤモンドは非常に 4(かたく ・ やわらかく)，融点が高い。また，電気を通さない。

ダイヤモンド

5

炭素原子 C

5＿＿＿＿＿＿＿＿

黒鉛（グラファイト）

黒鉛は，炭素原子が 4 個の価電子のうち 3 個を使ってとなりあう 3 個の炭素原子と次々に共有結合をつくり，正六角形が連なった平面構造をしている。

炭素原子の残り 1 個の価電子は，この平面内を自由に移動することができるので，黒鉛は電気を導く。また，平面の間は分子間力で 6(弱く ・ 強く)結合しているため，平面どうしははがれやすい。

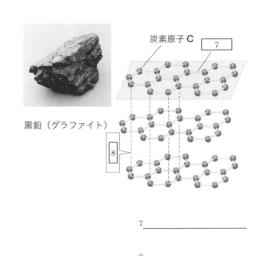

炭素原子 C　7

黒鉛（グラファイト）

8

7＿＿＿＿＿＿＿＿

8＿＿＿＿＿＿＿＿

共有結合の結晶の性質

共有結合はきわめて 9(強い ・ 弱い)結合なので，共有結合の結晶の融点は非常に 10(低い ・ 高い)。

共有結合の結晶の構成粒子である原子は電荷をもっていないので，一般に，共有結合の結晶は電気を 11(通す ・ 通さない)。ただし，黒鉛は例外的に電気伝導性を 12(示す ・ 示さない)。

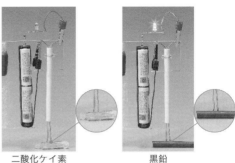

二酸化ケイ素
電気伝導性 13

黒鉛
電気伝導性 14

13＿＿＿＿＿＿＿　　14＿＿＿＿＿＿＿

共有結合の結晶の利用

名称	特徴
15	美しい輝きをもち，宝石として使われる。非常にかたいので，ガラスや石材の切断にも使われている。
16	平面構造の部分がはがれやすく，鉛筆の芯に含まれている。電気を通すので，炭素電極としても使われている。
17	英語名はシリコン。高純度のケイ素はわずかに電気を通し，半導体として IC 基板などに用いられる。
18	自然界にはおもに石英として存在する。ガラスの原料になる。水晶振動子としてクォーツ時計にも使われている。

  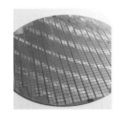 

●Memo●

2−1　　補充問題

月　　　日

検印欄

1 次のイオンの組み合わせによってできる物質の組成式と物質名を書け。

　　　　　　　　　　　　組成式　　　　　　　　　　　物質名

(1)　Ca^{2+}, $SO_4{}^{2-}$　　　[　　　　　　]　　　[　　　　　　　　　]

(2)　Zn^{2+}, Cl^-　　　[　　　　　　]　　　[　　　　　　　　　]

(3)　$NH_4{}^+$, $CO_3{}^{2-}$　　　[　　　　　　　]　　　[　　　　　　　　　]

(4)　K^+, $PO_4{}^{3-}$　　　[　　　　　　]　　　[　　　　　　　　　]

2 次のイオン1個がもつ電子の総数はそれぞれいくらか。また，そのイオンと同じ電子配置をもつ原子は何か。それぞれ元素記号で答えよ。

　　　　　　　　　　　　電子の総数　　　　　　　元素記号

(1)　$_3Li^+$　　　[　　　　]　　　[　　　　]

(2)　$_8O^{2-}$　　　[　　　　]　　　[　　　　]

(3)　$_{12}Mg^{2+}$　　　[　　　　]　　　[　　　　]

(4)　$_{17}Cl^-$　　　[　　　　]　　　[　　　　]

3 次の分子式で表される物質の構造式と電子式を記せ。また，それぞれ極性分子か無極性分子かを答えよ。

　　　　　　　構造式　　　　　　　電子式

(1)　H_2　　　[　　　　]　　　[　　　　]　　　[　　　　　]

(2)　H_2O　　　[　　　　]　　　[　　　　]　　　[　　　　]

(3)　CH_4　　　[　　　　]　　　[　　　　]　　　[　　　　]

(4)　CO_2　　　[　　　　]　　　[　　　　]　　　[　　　　]

4 次の文中の[ア]〜[エ]には適する語句を，[1]には化学式を入れよ。

アンモニア分子は，N 原子に 3 個の H 原子が[ア   ]結合により，結合している。アンモニア分子と水素イオン H^+ が結合すると[イ   ]イオンになる。

$$NH_3 + H^+ \longrightarrow [1\qquad\qquad]$$

N 原子の[ウ   ]電子対が電子をもたない H^+ との間で共有される。このような結合は[エ   ]結合とよばれる。

5 極性に関する次の文で，誤っているものはどれか。

ア 同じ元素の原子間の結合は，極性を示さない共有結合である。

イ 結合にかかわっている原子間の電気陰性度の差が大きいほど，結合の極性は大きい。

ウ 極性分子間と無極性分子間では，無極性分子間の方が，分子間力が大きい。

エ 極性分子であるかどうかは，原子間の結合の極性と分子の形で決まる。

[   ]

6 次の文中の空欄にあてはまるものを，下のア〜コのうちからそれぞれ一つずつ選べ。

電気的に中性な炭素原子は[   ]個の電子をもち，そのうち，最外殻にある電子の数は[   ]である。ダイヤモンドでは，1 つの炭素原子が[   ]個の炭素原子と結合しており，おのおのの結合は共有された[   ]個の電子からなる。一方，ダイヤモンドの同素体である黒鉛では，おのおのの炭素原子が共有結合により[   ]個の炭素原子と結合し，正六角形の網目構造がつくられている。黒鉛は，各炭素原子に残る[   ]個の電子が，平面内を自由に動けるため，電気をよく通す。

ア 1　イ 2　ウ 3　エ 4　オ 5

カ 6　キ 7　ク 8　ケ 9　コ 0

2−3 ① 金属結合と金属　p.56～57

月　　　日

検印欄

Q 金属が電気を通すのは，どうしてだろうか？

金属結合

金属では原子の電子殻が一部重なりあい，その部分を自由に価電子が移動することができる。このような電子を 1 ＿＿＿＿＿＿＿＿という。

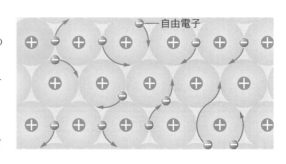

自由電子

自由電子がすべての金属原子に共有されてできる結合を 2 ＿＿＿＿＿＿＿＿といい，金属結合により形成された結晶を 3 ＿＿＿＿＿＿＿＿という。

金属を化学式で表す場合には，元素記号だけを書いた 4 ＿＿＿＿＿＿＿を用いる。

金属の電気伝導性と熱伝導性

金属に電圧をかけると，自由電子が一方向に移動し，電流が 5（ 流れる ・ 流れない ）。

金属は，電気を通すだけではなく，熱もよく 6（ 伝える ・ 伝えない ）。

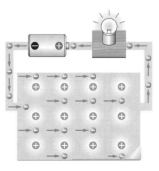

展性・延性

たたくとうすい箔状に広がる性質を 10 ＿＿＿＿＿＿，引っ張ると長く線状に延びる性質を 11 ＿＿＿＿＿＿という。金属がこれらの性質を示すのは，金属に力を加え原子の位置が少しずれても 12 ＿＿＿＿＿＿＿＿が全体に共有されているため， 13 ＿＿＿＿＿＿結合が保たれるからである。

電気伝導性		熱伝導性	
100	7		100
95	8		94
72	9		75
59	アルミニウム Al	55	
27	亜鉛 Zn	27	
17	鉄 Fe	20	

100 80 60 40 20 0　電気伝導性　　0 20 40 60 80 100　熱伝導性

7 ＿＿＿＿＿＿　　8 ＿＿＿＿＿＿

9 ＿＿＿＿＿＿

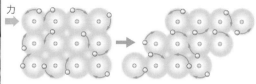

金属に力を加えて原子の位置がずれても，自由電子が金属全体を移動するので，金属結合は保たれる。

金属光沢

金属の表面は光を反射するので，金属には 14＿＿＿＿＿＿＿＿がある。ほとんどの金属は，目で見える光（15＿＿＿＿＿＿線）をすべて反射するので，白く光って見える。

金 Au や銅 Cu は，可視光線の 16（ 一部 ・ すべて）を反射せずに吸収してしまうため，黄色や赤色に見える。

金属の融点

金属結合の強さは金属の種類によりさまざまである。また，金属の融点は金属の種類によって大きく異なる。17＿＿＿＿＿＿＿のように融点が 0 ℃より低い金属もあれば，タングステン W のように融点が 3000 ℃を超える金属もある。

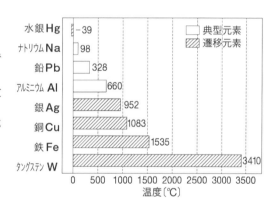

実 験 ◆ 1 金属の性質

結 果

①銅はうすく広がっていった。プラスチックはくだけた。
②銅は電気を通した。プラスチックは電気を通さなかった。
③銅のほうがプラスチックより熱が伝わりやすかった。

考 察

銅は，①で ⎡18⎤ ，②で ⎡19⎤ ，③で ⎡20⎤ が確認できた。
プラスチックにはこのような性質がない。

18＿＿＿＿＿＿＿＿　19＿＿＿＿＿＿＿＿　20＿＿＿＿＿＿＿＿

Q ビルや橋などに利用されている，生産量が最大の金属は何だろうか？

材料としての金属

金属は次の点で材料としてすぐれている。

・かたくてじょうぶである。

・電気を通し，熱を伝える。

・金属光沢があり，光を反射する。

・展性・延性があり，加工しやすい。

やじり
（鉄 Fe）

銅鐸
（銅 Cu の合金）

このような特徴をいかし，金属は古くからさまざまな分野で利用されてきた。

1＿＿＿＿＿＿器時代や 2＿＿＿＿＿器時代ということばからも，そのことがわかる。

金属の利用

名称	特徴
鉄（銑鉄）Fe	溶鉱炉から得られる鉄は 3＿＿＿＿＿とよばれる。炭素を多く含んでおり，かたくてもろい。鋳物に用いられる。
鉄（鋼）Fe	銑鉄に酸素を吹き込み炭素の含有率を低くした鉄は 4＿＿＿＿＿とよばれる。強く弾性に富み，建築材料に用いられる。
アルミニウム Al	電気伝導性や熱伝導性にすぐれ，軽い。やかん，缶，窓わく，送電線など，多方面で利用されている。
銅 Cu	電気伝導性と熱伝導性のよさは金属第 5＿＿＿＿＿位。送電線，電子機器，調理器具などに用いられている。

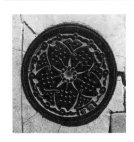

さびとその防止

金属の欠点はさびやすいことである。金属がさびるのは，金属の原子が空気中の 6＿＿＿＿＿や

7＿＿＿＿＿と反応するためである。さびを防ぐため，次のようなくふうがされている。

8＿＿＿＿＿…表面に金属以外の物質を塗る

9＿＿＿＿＿…表面をさびにくい金属でおおう

10＿＿＿＿＿…表面を安定な酸化物に変える

合金

2 種類以上の金属を溶かしあわせたものを 11＿＿＿＿＿という。合金には，成分の金属には
ない新しい性質が見られることがある。

合金の利用

名称	特徴
12	鉄を主成分とする合金だが，さびにくい。台所用品や工具などに用いられている。
13	アルミニウムを主成分とした合金で，軽くて強い。航空機の構造用材料として用いられる。
14	銅と亜鉛の合金。加工しやすい。硬貨や機械部品に用いられる。ブラスバンドのブラスは黄銅の意味。
15	銅とスズの合金。鋳物にしやすく，かたいので，古くから使われた。銅像，メダル，硬貨などに用いられる。

2－2　補充問題

月　　　日

1　金属について述べた次の文章の ［　　］ にあてはまる用語を入れよ。

金属は金属元素の ［1　　　　　　］ が結合して規則正しく配列したものである。金属元素の
原子は ［2　　　　　　］ の一部が重なり合い ［3　　　　　　］ はその部分を通して移動
する。そのため，価電子は特定の原子に固定されず，金属全体を ［4　　　　　　］ に移動でき
る。このような電子を ［5　　　　　　］ といい，すべての金属原子に自由電子が共有され
る結合を ［6　　　　　　］ という。金属を化学式で表す場合には元素記号だけを用いた
［7　　　　　　］ を用いる。

2　次の元素のおもな組み合わせによってできている合金は何か。［　　］ にあてはまる合金の
名称を下の解答群から選んで答えよ。

(1)　Al（アルミニウム）と Cu（銅）と Mg（マグネシウム）　　　　［　　　　　　　　　　］

(2)　Fe（鉄）と Cr（クロム）と Ni（ニッケル）　　　　　　　　　［　　　　　　　　　　］

(3)　Cu（銅）と Sn（スズ）　　　　　　　　　　　　　　　　　　　［　　　　　　］

(4)　Cu（銅）と Zn（亜鉛）　　　　　　　　　　　　　　　　　　　［　　　　　　］

(5)　Sn（スズ）と Pb（鉛）　　　　　　　　　　　　　　　　　　　［　　　　　　］

［**解答群**］　黄銅　　青銅　　はんだ　　ジュラルミン　　ステンレス鋼

3　次の物質は何という結合でできているか答えよ。

(1)　塩化ナトリウム　［　　　　　　　　］　　(2)　二酸化炭素　　［　　　　　　　］

(3)　アンモニア　　　［　　　　　　　　］　　(4)　アルミニウム　［　　　　　　　］

(5)　水　　　　　　　［　　　　　　　　］　　(6)　炭酸カルシウム ［　　　　　　　］

4

次に示される文章はそれぞれ何結合について述べたものか，イオン結合，共有結合，金属結合の中から選んで答えよ。

(1) 原子が最外殻の電子を互いに出し合って結合をする。　　　　　[　　　　　　　]

(2) 陽イオンと陰イオンが電気的引力で結びついている。　　　　　[　　　　　　　]

(3) 固体状態でも液体状態でも電流をよく流す。　　　　　　　　　[　　　　　　　]

(4) ダイヤモンドはひとつの大きな分子になっている。　　　　　　[　　　　　　　]

5

次の結合の種類と性質の表について，適切なものを下の各解答群から選べ。

	(1) 構成粒子	(2) 結合の種類	(3) 一般的性質	(4) 物質の例
イオン結晶				
共有結合の結晶				
分子結晶				
金属結晶				

［解答群］

(1) 構成粒子

ア　分子　　イ　原子　　ウ　陽イオンと陰イオン　　エ　原子（自由電子を含む）

(2) 結合の種類

ア　イオン結合　　イ　共有結合　　ウ　金属結合　　エ　分子間力

(3) 一般的性質

ア　きわめてかたく融点が高い。

イ　やわらかく，融点，沸点が低い。

ウ　展性・延性があり，電気伝導性がよい。

エ　固体の電気伝導性はないが，融解した状態や水溶液にすると電気を通す。

(4) 物質の例

ア　鉄　　イ　ダイヤモンド　　ウ　塩化ナトリウム　　エ　二酸化炭素（ドライアイス）

章末問題

3－1 原子量・分子量・式量 p.72~73 月 日

> **Q** 原子量 12 の C 原子 1 個の質量は，原子量 1.0 の H 原子 1 個の質量の何倍か？

原子の相対質量

原子の質量は，特定の原子を基準に選び，その原子の質量との比で表している。これを原子の

1＿＿＿＿＿＿＿＿＿という。

現在では，質量数 12 の炭素原子 2＿＿＿＿＿＿を基準として，^{12}C 1 個の質量を 12 としたときのほかの原子の質量の比を，その原子の相対質量としている。相対質量は質量の比なので単位はない。原子の相対質量は，その原子の 3＿＿＿＿＿＿＿にほぼ等しくなる。

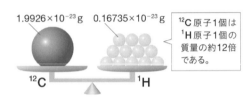

1.9926×10⁻²³ g　0.16735×10⁻²³ g

^{12}C 原子 1 個は ^1H 原子 1 個の質量の約 12 倍である。

^{12}C　　^1H

元素名	同位体	相対質量	存在比〔%〕	原子量
水素	^1H	1.008	99.9885	1.008
	^2H	2.014	0.0115	
炭素	^{12}C	12（基準）	98.93	12.01
	^{13}C	13.003	1.07	
酸素	^{16}O	15.995	99.757	16.00
	^{17}O	16.999	0.038	
	^{18}O	17.999	0.205	

元素の原子量

自然界に存在する多くの元素は，相対質量の異なるいくつかの同位体が，ほぼ一定の割合（存在比）で混じったものである。このような元素の場合，存在比を考慮して同位体の相対質量の 4＿＿＿＿＿＿を求める。これを元素の 5＿＿＿＿＿＿＿という。

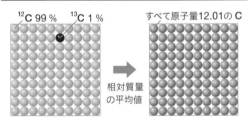

^{12}C 99 %　^{13}C 1 %　　すべて原子量 12.01 の C

相対質量の平均値

元素の原子量の求め方

自然界の炭素原子は，相対質量 12 の ^{12}C 原子 99 % と，相対質量 13 の ^{13}C 原子 1 % からなる。したがって，炭素の原子量は，

炭素の原子量＝12× ⎡6⎤ ＋13× ⎡7⎤ ＝12.01

6＿＿＿＿＿　　　7＿＿＿＿＿

問 1 塩素には，^{35}Cl（相対質量 35，存在比 75 %）と ^{37}Cl（相対質量 37，存在比 25 %）の同位体がある。塩素の原子量を小数第 1 位まで求めよ。　＿＿＿＿＿＿＿

原子量の概数値

原子量の値は，右表のようなおおよその値（概数値）を用いる。

元素名	元素記号	原子量	元素名	元素記号	原子量
水素	H	1.0	マグネシウム	Mg	24
ヘリウム	He	4.0	アルミニウム	Al	27
炭素	C	12	塩素	Cl	35.5
窒素	N	14	カルシウム	Ca	40
酸素	O	16	鉄	Fe	56
ナトリウム	Na	23	銅	Cu	63.5

分子量

原子量と同じように，^{12}C の質量を 12 としたときの分子の相対質量を 8_____という。

分子量は，分子を構成する元素の，

9_____の総和になる。

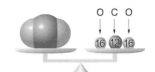

二酸化炭素 CO_2

分子量　10_____

問2　次の分子の分子量を求めよ。

(1)　酸素　O_2　　　　　　　_____

(2)　アンモニア　NH_3　　　_____

(3)　グルコース（ブドウ糖）　$C_6H_{12}O_6$　_____

式量

イオンからなる物質のように，分子に相当する粒子がない物質の相対質量を 11_____という。

式量は組成式を構成する元素の 12_____の総和である。

塩化ナトリウム $NaCl$

電子の質量は原子に比べて非常に小さいので無視でき，イオンの質量は原子と同じと考えることができる。

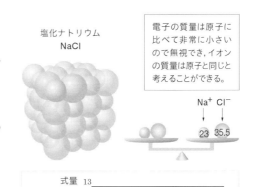

式量　13_____

問3　次の物質の式量を求めよ。

(1)　水酸化ナトリウム　$NaOH$　　_____

(2)　炭酸カルシウム　$CaCO_3$　　_____

3-1 ② 物質量 p.74～75

検印欄

月　　日

> **Q** 1円玉は，約 1.0 g である。1円玉には，何個の Al 原子が含まれているだろうか？

物質量

原子・分子・イオンなどの粒子の数に着目して表した物質の量を 1_____といい，モル（記号 mol）という単位で表す。物質が 2_____ 個の粒子を含むとき，その物質量は 1 mol である。物質 1 mol あたりの粒子の数は 3_____ _____とよばれ，6.0×10^{23} /mol になる。

$$物質量〔mol〕 = \frac{粒子の数}{6.0 \times 10^{23} \text{/mol}}$$

1 mol の質量

物質 1 mol あたりの質量を 4_____ という。モル質量は，

5_____ ・ 6_____ ・ 7_____

に g/mol の単位をつけたものである。

$$物質量〔mol〕 = \frac{質量〔g〕}{モル質量〔g/mol〕}$$

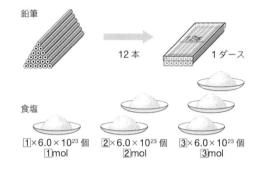

構成粒子	原子量・分子量・式量	1 mol の質量
炭素 C 2.0×10^{-23}g	8 （原子量）	C が 6.0×10^{23} 個 → 8 g
アルミニウム Al 4.5×10^{-23}g	9 （式量）	Al が 6.0×10^{23} 個 → 9 g
水 H_2O 3.0×10^{-23}g	10 （分子量）	H O H が 6.0×10^{23} 個 → 10 g
塩化ナトリウム NaCl 9.7×10^{-23}g	11 （式量）	Na^+ Cl^- が それぞれ 6.0×10^{23} 個 → 11 g

8_____　9_____　10_____　11_____

56

アボガドロの法則

同じ温度・同じ圧力のとき，12＿＿＿＿＿＿＿＿の気体には，気体の種類に関係なく同じ数の分子が含まれる。これは 13＿＿＿＿＿＿＿＿＿＿とよばれている。

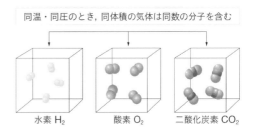

同温・同圧のとき，同体積の気体は同数の分子を含む

水素 H₂   酸素 O₂   二酸化炭素 CO₂

気体 1 mol の体積

温度が 0 ℃，圧力が 1 気圧（1013 hPa＝$1.013×10^5$ Pa）の状態を 14＿＿＿＿＿＿＿という。

標準状態では，気体 1 mol あたりの体積は，気体の種類に関係なく，15＿＿＿＿＿＿である。

気体	水素 H₂	酸素 O₂
分子量	2.0	32
質量	2.0 g	32 g
分子の数	$6.0×10^{23}$ 個	$6.0×10^{23}$ 個
体積(標準状態)	22.4 L	22.4 L

$$物質量〔mol〕 = \frac{気体の体積〔L〕}{22.4 \ L/mol}$$

例題　1　物質量の計算

次の物質量はそれぞれ何 mol か。ただし，原子量は H＝1.0，O＝16 とし，アボガドロ定数は $6.0×10^{23}$ /mol とする。

(1) 水素原子 $3.0×10^{23}$ 個の物質量　　　　　　　　＿＿＿＿＿＿＿＿

(2) 水 180 g の物質量　　　　　　　　＿＿＿＿＿＿＿＿

(3) 標準状態における酸素 56 L の物質量　　　　　　　　＿＿＿＿＿＿＿＿

特　集　②　物質量　p.76〜77

月　　　日

検印欄

ドリル 次の計算を行え。アボガドロ定数は 6.0×10^{23} /mol，原子量は，H＝1.0，C＝12，N＝14，O＝16，Al＝27，Ca＝40 とする。また，気体の体積は標準状態におけるものとする。

⓪ 粒子の数，質量，気体の体積

(1) 窒素 1 mol 中の窒素分子の数は何個か。　　　　　　　　　　　　[　　　　　] 個

(2) 炭素 C 1 mol の質量は何 g か。　　　　　　　　　　　　　　　[　　　　　] g

(3) 窒素 N_2 1 mol の質量は何 g か。　　　　　　　　　　　　　　[　　　　　] g

(4) 水 H_2O 1 mol の質量は何 g か。　　　　　　　　　　　　　　[　　　　　] g

(5) 炭酸カルシウム $CaCO_3$ 1 mol の質量は何 g か。　　　　　　　[　　　　　] g

(6) 気体の窒素 1 mol の体積は何 L か。　　　　　　　　　　　　　[　　　　　] L

❶ 粒子の数 ➡ A ➡ 物質量〔mol〕

(1) 炭素原子 3.0×10^{23} 個の物質量は何 mol か。　　　　　　　[　　　　　] mol

(2) 鉄原子 9.0×10^{23} 個の物質量は何 mol か。　　　　　　　　[　　　　　] mol

(3) 水素分子 7.2×10^{22} 個の物質量は何 mol か。　　　　　　　[　　　　　] mol

❷ 物質量〔mol〕 ➡ B ➡ 粒子の数

(1) 鉄 0.50 mol 中の鉄原子の数は何個か。　　　　　　　　　　　　[　　　　　] 個

(2) 水素 0.50 mol 中の水素分子の数は何個か。　　　　　　　　　　[　　　　　] 個

(3) 水 0.30 mol 中の水分子の数は何個か。　　　　　　　　　　　　[　　　　　] 個

(4) 水 0.30 mol 中に含まれる水素原子の数は何個か。　　　　　　　[　　　　　] 個

(5) メタン CH_4 0.10 mol 中に含まれる水素原子の数は何個か。　　[　　　　　] 個

❸ 質量〔g〕 ━━ C ━━➤ 物質量〔mol〕

(1) アルミニウム Al 5.4 g の物質量は何 mol か。　　　　　　　　[　　　　　] mol

(2) 炭素 C 2.4 g の物質量は何 mol か。　　　　　　　　　　　　[　　　　　] mol

(3) 水 H_2O 3.6 g の物質量は何 mol か。　　　　　　　　　　　[　　　　　] mol

(4) 一酸化窒素 NO 6.0 g の物質量は何 mol か。　　　　　　　　[　　　　　] mol

(5) 炭酸カルシウム $CaCO_3$ 20 g の物質量は何 mol か。　　　　[　　　　　] mol

❹ 物質量〔mol〕 ━━ D ━━➤ 質量〔g〕

(1) アルミニウム Al 2.0 mol の質量は何 g か。　　　　　　　　[　　　　　] g

(2) 炭素 C 4.5 mol の質量は何 g か。　　　　　　　　　　　　[　　　　　] g

(3) 水 H_2O 3.0 mol の質量は何 g か。　　　　　　　　　　　[　　　　　] g

(4) 一酸化窒素 NO 1.8 mol の質量は何 g か。　　　　　　　　[　　　　　] g

(5) 炭酸カルシウム $CaCO_3$ 0.54 mol の質量は何 g か。　　　[　　　　　] g

❺ 気体の体積〔L〕 ━━ E ━━➤ 物質量〔mol〕

(1) 気体の窒素 2.24 L の物質量は何 mol か。　　　　　　　　[　　　　　] mol

(2) 気体のヘリウム 2.80 L の物質量は何 mol か。　　　　　　[　　　　　] mol

❻ 物質量〔mol〕 ━━ F ━━➤ 気体の体積〔L〕

(1) 水素 2.00 mol の気体の体積は何 L か。　　　　　　　　　[　　　　　] L

(2) 酸素 2.50 mol の気体の体積は何 L か。　　　　　　　　　[　　　　　] L

❼ 粒子の数 ➡ A ➡ 物質量〔mol〕 ➡ D ➡ 質量〔g〕

(1) 酸素分子 O_2 3.0×10^{23} 個の質量は何 g か。　　　　　　　　［　　　　　］g

(2) メタン分子 CH_4 1.5×10^{23} 個の質量は何 g か。　　　　　　　　［　　　　　］g

❽ 質量〔g〕 ➡ C ➡ 物質量〔mol〕 ➡ B ➡ 粒子の数

(1) アルミニウム Al 27 g 中のアルミニウム原子の数は何個か。　　　［　　　　　］個

(2) 水 H_2O 27 g 中の水分子の数は何個か。　　　　　　　　　　　　［　　　　　］個

❾ 粒子の数 ➡ A ➡ 物質量〔mol〕 ➡ F ➡ 気体の体積〔L〕

(1) 酸素分子 3.0×10^{23} 個の気体の体積は何 L か。　　　　　　　［　　　　　］L

(2) メタン分子 1.5×10^{23} 個の気体の体積は何 L か。　　　　　　　［　　　　　］L

⓾ 気体の体積〔L〕 ━━**E**━━▶ 物質量〔mol〕 ━━**B**━━▶ 粒子の数

(1) 気体の水素 33.6 L 中の水素分子の数は何個か。 　　　　　　　　　　〔　　　　　　　〕個

(2) 気体のヘリウム 5.6 L 中のヘリウム分子の数は何個か。 　　　　　　　　〔　　　　　　　〕個

⓫ 質量〔g〕 ━━**C**━━▶ 物質量〔mol〕 ━━**F**━━▶ 気体の体積〔L〕

(1) 水素 H_2 1.0 g の気体の体積は何 L か。 　　　　　　　　　　　　　　〔　　　　　〕L

(2) 酸素 O_2 16 g の気体の体積は何 L か。 　　　　　　　　　　　　　　〔　　　　　〕L

⓬ 気体の体積〔L〕 ━━**E**━━▶ 物質量〔mol〕 ━━**D**━━▶ 質量〔g〕

(1) 気体の窒素 N_2 11.2 L の質量は何 g か。 　　　　　　　　　　　　　　〔　　　　　〕g

(2) 気体の二酸化炭素 CO_2 5.6 L の質量は何 g か。 　　　　　　　　　　　　〔　　　　　〕g

3-1 ③ 濃度 p.78〜79

検印欄

月　　日

Q 10 ％の塩酸 100 g と 10 ％の水酸化ナトリウム水溶液 100 g では，溶質の粒子の数は同じ？

溶液と濃度

液体にほかの物質が溶けて液体と物質が均一に混じりあうことを 1＿＿＿＿＿＿という。このとき，物質を溶かしている液体を 2＿＿＿＿＿＿，溶けている物質を 3＿＿＿＿＿＿，溶解によってできた液体を 4＿＿＿＿＿＿といい，水が溶媒である溶液を 5＿＿＿＿＿＿という。

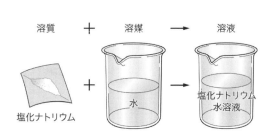

溶質　　＋　　溶媒　　→　　溶液

塩化ナトリウム　　＋　　水　　→　　塩化ナトリウム水溶液

質量パーセント濃度

6＿＿＿＿＿＿の質量に対する 7＿＿＿＿＿＿の質量の割合をパーセント（百分率）で表した濃度を 8＿＿＿＿＿＿＿＿＿＿＿＿という。

$$\text{質量パーセント濃度〔\%〕} = \frac{\text{溶質の質量〔g〕}}{\text{溶液の質量〔g〕}} \times 100$$

例題 2 質量パーセント濃度

水 100 g に食塩 25 g を溶かした水溶液の質量パーセント濃度は何%か。

＿＿＿＿＿＿＿＿

問 4　生理食塩水の質量パーセント濃度は 0.9 ％に近い。質量パーセント濃度 0.9 ％の生理食塩水 1000 g に溶けている食塩の質量は何 g か。　　　　　　　　　　＿＿＿＿＿＿

● モル濃度

溶液 1 L に溶けている溶質の物質量を表した濃度を 9＿＿＿＿＿＿＿＿＿という。

$$モル濃度〔mol/L〕 = \frac{溶質の物質量〔mol〕}{溶液の体積〔L〕}$$

溶液の物質量〔mol〕＝モル濃度 c〔mol/L〕×溶液の体積 V〔L〕

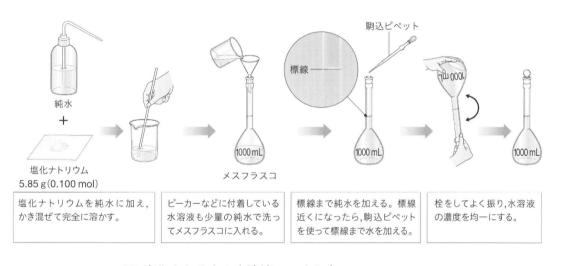

塩化ナトリウムを純水に加え，かき混ぜて完全に溶かす。	ビーカーなどに付着している水溶液も少量の純水で洗ってメスフラスコに入れる。	標線まで純水を加える。標線近くになったら，駒込ピペットを使って標線まで水を加える。	栓をしてよく振り，水溶液の濃度を均一にする。

10＿＿＿＿＿＿mol/L 塩化ナトリウム水溶液のつくり方

例題 3　質量パーセント濃度 → モル濃度

質量パーセント濃度 5.0％のグルコース（ブドウ糖）の水溶液は点滴に用いられている。この水溶液のモル濃度は何 mol/L か。ただし，水溶液の密度は 1.0 g/cm³ とし，グルコース $C_6H_{12}O_6$ のモル質量は 180 g/mol とする。

　　　　　　　　　　　　　　　　　　　　　　　　　　　　＿＿＿＿＿＿

Q メタン CH_4 の燃焼を化学反応式で表してみよう。

化学変化

原子の組みかえが起こり，ある物質がほかの物質に変わる変化を 1＿＿＿＿＿＿＿＿＿＿または

2＿＿＿＿＿＿＿＿＿＿という。

化学反応式の書き方

化学式を用いて化学変化を表した式を 3＿＿＿＿＿＿＿＿＿＿という。

《化学反応式の書き方》

Step① 反応物の化学式を左辺に，生成物の化学式を右辺に書き，両辺を ⟶ で結ぶ。

$$\boxed{?}\ CH_4\ +\ \boxed{?}\ O_2\ \longrightarrow\ \boxed{?}\ CO_2\ +\ \boxed{?}\ H_2O$$

反応物　　　　　　　　生成物

Step② 両辺で原子の種類と数が等しくなるように化学式の前に係数をつける。

1．元素の種類が最も多い化学式の係数を 1 にする。ここでは CH_4 の係数を 1 とする。（CO_2 や H_2O の係数を 1 にしてもよい）

$$\boxed{4}\ CH_4\ +\ \boxed{?}\ O_2\ \longrightarrow\ \boxed{?}\ CO_2\ +\ \boxed{?}\ H_2O$$

2．係数をつけて，両辺で原子の種類と数を等しくする。このとき，3 つ以上の化学式に含まれている原子（この場合は O 原子）の数を等しくするのは最後にする。

まず，C 原子の数を両辺で等しくする。

$$\boxed{4}\ CH_4\ +\ \boxed{?}\ O_2\ \longrightarrow\ \boxed{5}\ CO_2\ +\ \boxed{?}\ H_2O$$

次に，H 原子の数を両辺で等しくする。

$$\boxed{4}\ CH_4\ +\ \boxed{?}\ O_2\ \longrightarrow\ \boxed{5}\ CO_2\ +\ \boxed{6}\ H_2O$$

最後に，O 原子の数を両辺で等しくする。

$$\boxed{4}\ CH_4\ +\ \boxed{7}\ O_2\ \longrightarrow\ \boxed{5}\ CO_2\ +\ \boxed{6}\ H_2O$$

3．係数の 1 を省略して完成。

8

4＿＿＿＿＿　　5＿＿＿＿＿　　6＿＿＿＿＿　　7＿＿＿＿＿

8＿＿＿＿＿＿＿＿＿＿＿＿＿＿＿＿＿＿＿

例題 **4** 化学反応式

ナトリウム Na と水 H_2O が反応すると，水酸化ナトリウム NaOH が生成し水素 H_2 が発生する。この化学反応式を書け。

_____

イオン反応式

イオンが関係する反応において，変化した $_9$＿＿＿＿＿＿＿だけに着目して表した化学反応式を，特にイオン反応式とよぶ。

ドリル　次の化学変化を化学反応式で書け。

(1)　過酸化水素 H_2O_2 の水溶液に触媒の酸化マンガン（IV）を加えると，水 H_2O と酸素 O_2 ができ

る。　　　　　　　　　　　　_____

(2)　窒素 N_2 と水素 H_2 が反応して，アンモニア NH_3 が生成する。

_____

(3)　二酸化硫黄 SO_2 と硫化水素 H_2S が反応すると，水 H_2O と硫黄 S ができる。

_____

(4)　メタノール CH_3OH が燃える（酸素 O_2 と反応する）と，二酸化炭素 CO_2 と水 H_2O が生成する。

_____

65

Q　化学反応式の係数と各物質の量との間にはどのような関係があるだろうか。
次の化学反応式で示される実験を行い，その関係を見いだそう。

$$CaCO_3 + 2HCl \longrightarrow CaCl_2 + H_2O + CO_2$$

情報の収集……決まった質量の炭酸カルシウムを過剰な量の塩酸と反応させ，炭酸カルシウム

がすべて反応するときに発生する二酸化炭素の質量を調べる。それぞれの質量がわかれば，

物質量もわかる。

仮説の設定……化学反応式の ₁＿＿＿＿＿＿＿＿は，物質の ₂＿＿＿＿＿＿＿＿を表している。物質

量は粒子の数をもとにした量だから，化学反応式の係数は ₃＿＿＿＿＿＿＿を表しているは

ずである。上の化学反応式では，$CaCO_3$ の係数は 1，CO_2 の係数も 1 だから，1 mol の $CaCO_3$

から 1 mol の CO_2 が発生する。

操　作……

バランストレーをてんびん
にのせ，てんびんの表示を
ゼロにする。

てんびんの表示が 1.00 g
になるまで炭酸カルシウム
をとる。

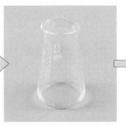

コニカルビーカーに塩酸を
とる。ここでは 6.0 mol/L
塩酸を 10 mLとった。

炭酸カルシウムと塩酸を容
器ごとてんびんにのせ，て
んびんの表示をゼロにする。

炭酸カルシウムを少しずつ
塩酸に加える。二酸化炭素
が発生する。

コニカルビーカーをまわし
て壁についた炭酸カルシウ
ムもすべて反応させる。

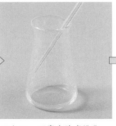

ストローで息を吹き込み，
二酸化炭素を完全に追い出
す。

発生した二酸化炭素の質量
は，マイナスで表示され
る。

結 果 ……反応前の質量 $W_前$ ＝ ₄_____ g　　　反応後の質量 $W_後$ ＝ ₅_____ g

反応後に質量が減ったのは，発生した二酸化炭素が逃げて行ったからである。

仮説の検証 ……原子量は，C＝12，O＝16，Ca＝40 とした。

○炭酸カルシウムの物質量

　CaCO₃ のモル質量は 100 g/mol だか

ら，1.00 g の物質量は次のようになる。

$$\frac{1.00 \text{ g}}{100 \text{ g/mol}} = 0.0100 \text{ mol}$$

○二酸化炭素の物質量

　CO₂ のモル質量は 44 g/mol だから，

0.44 g の物質量は次のようになる。

$$\frac{0.44 \text{ g}}{44 \text{ g/mol}} = 0.010 \text{ mol}$$

0.0100 mol の CaCO₃ から 0.010 mol の CO₂ が発生したので，仮説が正しいことが検証され

た。一般に，化学反応式の係数と各物質の量の間には，次の関係が成り立つ。

₆_____

発 展 ……

	CaCO₃		CO₂		未反応の CaCO₃
	質量 〔g〕	物質量 〔mol〕	質量 〔g〕	物質量 〔mol〕	
実験1	1.00	0.0100	0.44	0.010	なし
実験2	2.00	0.0200	0.88	0.020	なし
実験3	3.00	0.0300	1.32	0.030	なし
実験4	4.00	0.0400	1.32	0.030	あり
実験5	5.00	0.0500	1.32	0.030	あり

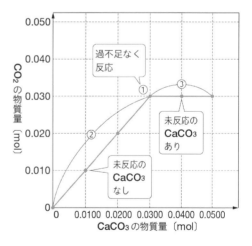

① 加えた塩酸中の HCl は 0.060 mol である。この HCl と過不足なく反応する CaCO₃ は 0.030 mol であり，そのとき発生する CO₂ は 0.030 mol である（実験3）。

② CaCO₃ の物質量が 0.030 mol より少ないと，反応する量は不足している CaCO₃ の物質量で決まり，CaCO₃ と同じ物質量の CO₂ が発生する（実験1・2）。

③ CaCO₃ の物質量が 0.030 mol より多いと，反応する量は不足している HCl の物質量で決まり，HCl の半分の物質量の 0.030 mol の CO₂ が発生する（実験4・5）。

3−1　⑥ 化学反応式と量的関係②　p.84〜85　月　日

Q 化学反応式を利用して，反応物や生成物の量を計算するには，どうしたらよいだろうか？

化学反応の量的な関係

同温・同圧の気体の場合，物質量が同じなら体積も同じなので，次の関係も成り立つ。

化学反応式の係数の比＝ 同温・同圧の気体の 1＿＿＿＿＿＿＿＿＿

	水素	酸素	水	係数の比 $H_2 : O_2 : H_2O$
化学反応式	$2H_2$	$+\quad O_2$	$\longrightarrow\quad 2H_2O$	＝2＿＿＿＿＿＿
粒子の数	2個	1個　↓ $\times (6.0 \times 10^{23})$	2個	粒子の数の比 $H_2 : O_2 : H_2O$ ＝3＿＿＿＿＿
	$2 \times (6.0 \times 10^{23})$個	$1 \times (6.0 \times 10^{23})$個	$2 \times (6.0 \times 10^{23})$個	
物質量	2 mol	1 mol	2 mol	物質量の比 $H_2 : O_2 : H_2O$ ＝4＿＿＿＿＿
気体の体積（標準状態）	2×22.4 L 22.4 L　22.4 L 2体積	1×22.4 L 22.4 L 1体積	液体(水)	気体の体積の比 $H_2 : O_2$ ＝5＿＿＿＿＿
質量	2×2.0 g （＝6＿＿＿＿＿ 2.0 g 2.0 g	1×32 g 32 g	2×18 g ） 18 g 18 g	係数の比＝質量の比にならない。化学反応の前後での総質量は変わらない（質量保存の法則）。

2＿＿＿＿＿＿　　3＿＿＿＿＿＿　　4＿＿＿＿＿＿　　5＿＿＿＿＿＿

6＿＿＿＿＿＿＿＿＿＿＿＿＿＿

メタン CH_4 が燃焼（酸素 O_2 と反応）すると，二酸化炭素 CO_2 と水 H_2O が生成する。標準状態で体積 5.6 L のメタンを燃焼させた。生成した水の質量は何 g か。ただし，原子量は，H＝1.0，O＝16 とする。　＿＿＿＿＿＿

問 5 次の問いに答えよ。ただし，原子量は，C＝12，O＝16，Mg＝24 とする。

(1) 1.2 g のマグネシウム Mg が燃焼（酸素 O_2 と反応）して酸化マグネシウム MgO ができるとき，反応に必要な酸素の体積は標準状態で何 L か。　＿＿＿＿＿＿

(2) 標準状態で 5.6 L のプロパン C_3H_8 が燃焼（酸素 O_2 と反応）して二酸化炭素 CO_2 と水 H_2O になるとき，生成する二酸化炭素の質量は何 g か。　＿＿＿＿＿＿

(3) 0.020 mol のマグネシウム Mg に濃度 2.0 mol/L の塩酸を加えて反応させたところ，塩化マグネシウム $MgCl_2$ が生成し，水素 H_2 が発生した。このとき，加えた塩酸の体積と発生した水素の標準状態における体積の関係は右図のようになった。図中の体積 V_1 と V_2 はそれぞれ何 L か。

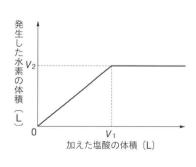

V_1 ＿＿＿＿＿＿　　V_2 ＿＿＿＿＿＿

3－1　　　補充問題　　　　　　　　月　　　日

必要なら，原子量は次の値を使うこと。H＝1.0，C＝12，N＝14，O＝16，Na＝23，Mg＝24，Al＝27，S＝32，Cl＝35.5，Ca＝40

1　原子の質量について，文章中の適切な語を選び○をつけよ。空欄には適切な語句を入れよ。

原子はそれぞれ固有の質量を【　もつ・もたない　】が，原子1個の質量は非常に小さいのでg単位で表すと非常に【　小さ・大き　】な値となる。そこで，【　特定の・適当な　】原子の質量を基準として選び，その原子との質量の比で表す。現在では［　　　　　］の質量を12として，これを基準にして各原子の【　相対・絶対　】質量を決めている。ここで得られる数値は，質量の比なので，単位は【　ない・gで表す　】。

多くの元素は相対質量の異なるいくつかの【　同位体・同素体　】がほぼ一定の割合で混じっている。このような元素の場合，それらの存在比を考慮して相対質量の平均値を求める。この値を［　　　　　　］という。

2　次の物質の分子量を求めよ。

(1)　N_2　　　　　［　　　］　　　(2)　O_2　　　　　［　　　］　　　(3)　H_2O　　　　［　　　］

(4)　CO_2　　　　［　　　］　　　(5)　H_2SO_4　　［　　　］

3　次の物質の式量を求めよ。

(1)　NaOH　　　　　　　　［　　　］　　　(2)　$CaCO_3$　　　　　　　　［　　　］

(3)　Na_2SO_4　　　　　　　［　　　］　　　(4)　$MgCl_2$　　　　　　　　［　　　］

(5)　$Al_2(SO_4)_3$　　　　　　［　　　］

4 次の問いに答えよ。

(1) 炭素 12 g 中に炭素原子が何個含まれているか。　　　　　　　　[　　　　　　　　] 個

(2) 水 H_2O 1 mol と酸素 O_2 1 mol ではどちらの質量が大きいか。　　[　　　　　]

(3) 3.0×10^{23} 個の粒子は何 mol か。　　　　　　　　　　　　　[　　　　　] mol

(4) 標準状態で 2 mol の気体の体積は何 L になるか。　　　　　　　[　　　　　] L

5 それぞれの値を求めよ。

(1) 水素 5.0 mol の質量　　　　　　　　　　　　　　　　　　　[　　　　　] g

(2) アルミニウム Al 54 g の物質量　　　　　　　　　　　　　　[　　　　　] mol

(3) 二酸化炭素 CO_2 8.8 g 中の分子数　　　　　　　　　　　　[　　　　　] 個

(4) 水 H_2O 180 g の物質量　　　　　　　　　　　　　　　　　[　　　　　] mol

(5) 標準状態で，44.8 L の酸素 O_2 の質量　　　　　　　　　　[　　　　　] g

6 塩化ナトリウム 5.85 g を水に溶かして 500 mL にした。この水溶液の濃度をモル濃度〔mol/L〕で答えよ。　　　　　　　　　　　　　[　　　　　] mol/L

7 密度 1.16 g/cm^3 の塩酸は，31.5 % の塩化水素（分子量 36.5）を含む。この塩酸のモル濃度〔mol/L〕を求めよ。　　　　　　　　　　　[　　　　　] mol/L

8 次の反応式の [ ] に係数を入れて化学反応式を完成させよ。ただし，係数の１も記入すること。

(1) $2H_2O \longrightarrow$ [ ] H_2 + [ ] O_2

(2) [ ] CH_4 + [ ] $O_2 \longrightarrow CO_2$ + $2H_2O$

(3) [ ] Mg + [ ] $HCl \longrightarrow$ [ ] $MgCl_2$ + [ ] H_2

(4) [ ] Al + [ ] $O_2 \longrightarrow$ [ ] Al_2O_3

(5) [ ] Fe_3O_4 + [ ] $H_2 \longrightarrow$ [ ] Fe + [ ] H_2O

9 次の化学変化を化学反応式で表せ。

(1) 炭酸カルシウム $CaCO_3$ を強く加熱すると，酸化カルシウム CaO と二酸化炭素に変化した。

_____

(2) 石灰水（水酸化カルシウム $Ca(OH)_2$ 水溶液）に二酸化炭素を通じると，炭酸カルシウムを生じて白濁した。

_____

(3) 窒素と水素からアンモニアを合成した。

_____

(4) 炭酸ナトリウム Na_2CO_3 が塩酸 HCl と反応して，塩化ナトリウムと二酸化炭素と水を生じた。

_____

(5) アルミニウムが塩酸と反応して，塩化アルミニウム $AlCl_3$ と水素を生じた。

_____

(6) エタン C_2H_6 の燃焼で，二酸化炭素と水を生じた。

_____

10 メタン CH₄ を完全燃焼させたときの化学反応について答えよ。

(1) メタンの燃焼を示す化学反応式を完成させよ。

$$CH_4 + 2O_2 \longrightarrow [\qquad] + [\qquad]$$

(2) メタンの分子量を求めよ。

[   ]

(3) メタン 1 mol から生成する水は何 mol か。

[   ] mol

(4) メタン 32 g を完全燃焼させると発生する二酸化炭素は何 g か。

[   ] g

(5) メタン 32.0 g を完全燃焼させるには標準状態で何 L の酸素が必要か。

[   ] L

(6) この反応で発生した二酸化炭素の質量が 22.0 g であった。このとき燃焼したメタンの体積は標準状態で何 L か。　　　　　　　　　　　　　　　　　　[   ] L

11 一酸化炭素 CO 10 L と酸素 O₂ 10 L を混合して，閉じた容器の中で燃焼させた。この反応について問いに答えよ。

(1) この反応を化学反応式で示せ。

[   ]

(2) 反応後，容器の中に存在する気体は何か，すべて答えよ。

[   ]

(3) 一酸化炭素と酸素が過不足なく反応するには，どちらの気体をあとどれほど加えればよいか。

[   ]

3−2　 酸と塩基　p.88〜89

検印欄

月　　　日

Q アンモニア NH_3 は OH^- をもたないのに，アンモニア水はなぜ塩基性なのだろうか？

 酸性

次のような性質を 1＿＿＿＿＿＿といい，酸性を

示す物質を 2＿＿＿＿＿という。

・酸味がある。

・青色リトマス紙を 3＿＿＿＿＿変色させる。

・マグネシウムや亜鉛などの金属と反応して

　4＿＿＿＿＿を発生させる。

 塩基性

次のような性質を 5＿＿＿＿＿＿といい，塩基

性を示す物質を 6＿＿＿＿＿という。塩基のうち，

水に溶けやすいものをアルカリという。

・酸と反応して酸性を打ち消す。

・赤色リトマス紙を 7＿＿＿＿＿変色させる。

 アレニウスの定義

酸とは，水溶液中で 8＿＿＿＿＿＿＿＿を生じる物質。

塩基とは，水溶液中で 9＿＿＿＿＿＿＿＿＿＿を生じる物質。

酸と水素イオン

酸の水溶液が酸性を示すのは，水溶液中で電離して，水素イオン H^+ が生じるためである。

塩化水素　$HCl \longrightarrow$ 10_____ + 11_____

硫酸　$H_2SO_4 \longrightarrow$ 12_____ + 13_____

酢酸　$CH_3COOH \rightleftharpoons$ 14_____ + 15_____

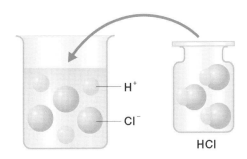

HCl

塩基と水酸化物イオン

塩基の水溶液が塩基性を示すのは，水溶液中で電離して，水酸化物イオン OH^- が生じるためである。

水酸化ナトリウム

　$NaOH \longrightarrow$ 16_____ + 17_____

水酸化カルシウム

　$Ca(OH)_2 \longrightarrow$ 18_____ + 19_____

アンモニア　$NH_3 + H_2O \rightleftharpoons$ 20_____ + 21_____

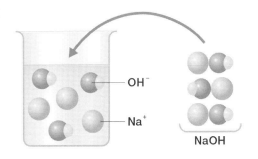

NaOH

ブレンステッド・ローリーの定義

酸・塩基の定義を拡大して，水溶液以外の物質に適用できるようにした。

酸とは，H^+ を 22_____物質である。

塩基とは，H^+ を 23_____物質である。

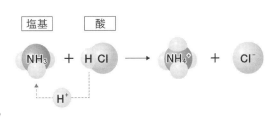

●Memo●

3－2　　酸・塩基の価数と強弱　p.90～91　　月　　日

Q　酢酸 CH₃COOH は強い酸だろうか，弱い酸だろうか？

酸の価数

酸の化学式の中で，電離して水素イオン H^+ になることのできる H の数。

塩酸 HCl　　　　　　　　1_____価　　　　　酢酸 CH₃COOH　　　　　2_____価

硫酸 H₂SO₄　　　　　　　3_____価　　　　　シュウ酸 H₂C₂O₄　　　　4_____価

リン酸 H₃PO₄　　　　　　5_____価

塩基の価数

塩基の化学式の中で，電離して水酸化物イオン OH^- になることのできる OH の数。

水酸化ナトリウム NaOH　　6_____価　　　　アンモニア NH₃　　　　　7_____価

水酸化カルシウム Ca(OH)₂　8_____価　　　　水酸化バリウム Ba(OH)₂　9_____価

酸・塩基の電離のしやすさ

同じモル濃度の塩酸と酢酸水溶液を比較すると，10_____のほうが電気をよく通す。ま

た，塩酸のほうがマグネシウムとの反応も激しい。これは，HCl のほうが CH₃COOH よりも電離

している割合が 11_____，酸性の原因である 12_____が多いためである。

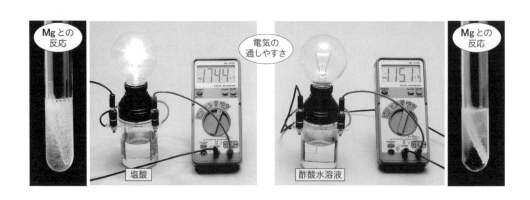

酸・塩基の電離度と強弱

酸や塩基のような電解質が水溶液中で電離している割合を 13＿＿＿＿＿＿といい, 14＿＿＿＿＿で表す。

$$\text{電離度 } \alpha = \frac{\text{電離した電解質の物質量}}{\text{溶解した電解質の物質量}}$$

電離度 α が 15＿＿＿＿＿に近い　→　強酸・強塩基

電離度 α が 16＿＿＿＿＿に近い　→　弱酸・弱塩基

CH₃COOH

強酸（塩酸）　　　弱酸（酢酸）

H⁺　Cl⁻　　　H⁺　CH₃COO⁻

塩酸 HCl	17＿＿＿＿酸	硝酸 HNO_3	18＿＿＿＿酸
硫酸 H_2SO_4	19＿＿＿＿酸	酢酸 CH_3COOH	20＿＿＿＿酸
炭酸 H_2CO_3	21＿＿＿＿酸		
水酸化ナトリウム NaOH	22＿＿＿＿塩基	水酸化カリウム KOH	23＿＿＿＿塩基
水酸化カルシウム $Ca(OH)_2$	24＿＿＿＿塩基	アンモニア NH_3	25＿＿＿＿塩基

実 験 1　塩酸と酢酸水溶液の比較

結 果

酸	電球の明るさ	電流の値	加えた水酸化ナトリウム水溶液の体積
塩酸	非常に明るい	0.50 A	10 mL
酢酸水溶液	うす暗くつく程度	0.10 A	10 mL

考 察

1) 塩酸は酢酸水溶液より電気をよく通すので 26＿＿＿＿＿＿＿が多く, 水素イオン H^+ も多いので 27＿＿＿＿＿＿酸である。

2) BTB 溶液の色が変わるまでに（中和するまでに）加えた水酸化ナトリウム水溶液の体積は, 塩酸も酢酸水溶液も 28＿＿＿＿＿＿＿だった。どちらも 1 価の酸のためだと思う。酸の強弱は, 関係が 29＿＿＿＿＿＿＿ようだ。

●Memo●

検印欄

Q 　pH1 の塩酸と，pH3 の塩酸では，どちらが強い酸性だろうか？

H⁺ と OH⁻ の関係

純粋な水（純水）H_2O は，わずかに電離し，水素イオン H^+ と水酸化物イオン OH^- を生じる。

$$H_2O \rightleftarrows H^+ + OH^-$$

H^+ のモル濃度は 1_____とよばれ $[H^+]$ で表され，OH^- のモル濃度は

2_____とよばれ $[OH^-]$ で表される。

純水は中性なので，$[H^+]$ と $[OH^-]$ は等しく，25 ℃では次の値になる。

$$[H^+] = [OH^-] = 3\text{_____}\,mol/L \quad (25\ ℃)$$

水溶液の酸性・中性・塩基性

水溶液の酸性・中性・塩基性は，水溶液中の $[H^+]$ と $[OH^-]$ の大小で決まる。

$[H^+] > [OH^-]$ のとき 4_____

酸性
$[H^+] > 1.0 \times 10^{-7}\,mol/L > [OH^-]$

$[H^+]$ が増加　　酸を加える　　$[OH^-]$ が減少

$[H^+] = [OH^-]$ のとき 5_____

中性
$[H^+] = 1.0 \times 10^{-7}\,mol/L = [OH^-]$

$[H^+]$ が減少　　塩基を加える　　$[OH^-]$ が増加

$[H^+] < [OH^-]$ のとき 6_____

塩基性
$[H^+] < 1.0 \times 10^{-7}\,mol/L < [OH^-]$

pH

水溶液の性質	酸性						中性							塩基性	
pH	0	1	2	3	4	5	6	7	8	9	10	11	12	13	14
$[H^+]$(mol/L)	1	10^{-1}	10^{-2}	10^{-3}	10^{-4}	10^{-5}	10^{-6}	10^{-7}	10^{-8}	10^{-9}	10^{-10}	10^{-11}	10^{-12}	10^{-13}	10^{-14}
$[OH^-]$(mol/L)	10^{-14}	10^{-13}	10^{-12}	10^{-11}	10^{-10}	10^{-9}	10^{-8}	10^{-7}	10^{-6}	10^{-5}	10^{-4}	10^{-3}	10^{-2}	10^{-1}	1

$[H^+]=10^{-n}$ mol/L のとき, pH$=n$ になる。温度が一定のとき, $[H^+]$ と $[OH^-]$ の積は一定である。

$[H^+]$ は, 小さい値から大きい値まできわめて広い範囲で変化するため, 次のような

7＿＿＿＿＿ (8＿＿＿＿＿＿＿＿＿＿) という数値が用いられる。

$[H^+] = 1.0 \times 10^{-n}$ mol/L のとき,

pH $=$ 9＿＿＿＿＿

最初の p は小文字だよ。
H は水素イオン H^+ を表すから大文字にするんだ。
ph, PH, Ph と書いてはダメだよ。

pH は単位じゃないから, 2pH なんて書かないでね。

pH を使うと, 水溶液の酸性・中性・塩基性は, 次のように表される。

酸 性　pH $<$ 10＿＿＿＿＿

中 性　pH $=$ 11＿＿＿＿＿

塩基性　pH $>$ 12＿＿＿＿＿

水のイオン積 ❷発展

純水の水素イオン濃度 $[H^+]$ と水酸化物イオン濃度 $[OH^-]$ の積を 13＿＿＿＿＿＿＿＿＿＿ という。

$[H^+][OH^-] = 1.0 \times 10^{-14}$ (mol/L)^2

この関係は, 純水に限らず水溶液でも成り立つ。水のイオン積を利用すると, 塩基性水溶液の $[H^+]$ や pH を求めることができる。

$$[H^+] = \frac{K_w}{[OH^-]} = \frac{1.0 \times 10^{-14} \, (mol/L)^2}{1.0 \times 10^{-1} \, mol/L} = 1.0 \times 10^{-13} \, mol/L$$

3－2　　水素イオン濃度とpH②　p.94〜95　　月　　日

Q　pH1の塩酸を何倍にうすめると，pH3の塩酸になるだろうか？

強酸・強塩基の濃度変化とpH

　強酸の水溶液を水で 10 倍にうすめて濃度を $\frac{1}{10}$（$[H^+]$ を $\frac{1}{10}$）にすると，pH は 1 ₁（ 大きく ・ 小さく ）なる。たとえば，pH が 1 の塩酸を水で 10 倍にうすめると，pH は 2 になる。

　強塩基の水溶液を水で 10 倍にうすめて濃度を $\frac{1}{10}$（$[H^+]$ を 10 倍）にすると，pH は 1 だけ ₂（ 大きく ・ 小さく ）なる。たとえば，pH が 13 の水酸化ナトリウム水溶液を水で 10 倍にうすめると，pH は 12 になる。

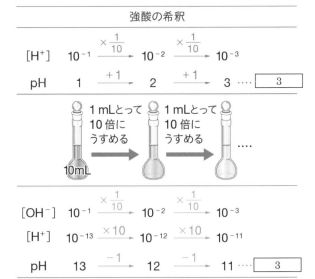

強酸の希釈

$[H^+]$　　10^{-1} $\xrightarrow{\times\frac{1}{10}}$ 10^{-2} $\xrightarrow{\times\frac{1}{10}}$ 10^{-3}

pH　　　1 $\xrightarrow{+1}$ 2 $\xrightarrow{+1}$ 3 …… 3

1mLとって10倍にうすめる　1mLとって10倍にうすめる ……

10mL

$[OH^-]$　10^{-1} $\xrightarrow{\times\frac{1}{10}}$ 10^{-2} $\xrightarrow{\times\frac{1}{10}}$ 10^{-3}

$[H^+]$　10^{-13} $\xrightarrow{\times10}$ 10^{-12} $\xrightarrow{\times10}$ 10^{-11}

pH　　13 $\xrightarrow{-1}$ 12 $\xrightarrow{-1}$ 11 …… 3

強塩基の希釈

₃＿＿＿＿＿＿＿＿＿＿＿

例題 1　pH の計算

　次の水溶液の pH を整数で求めよ。温度は 25 ℃とする。必要なら p.79 の表を用いよ。

(1)　0.10 mol/L の塩酸。HCl の電離度は 1.0 とする。　＿＿＿＿＿＿＿

(2)　0.10 mol/L の酢酸水溶液。CH_3COOH の電離度は 0.010 とする。　＿＿＿＿＿＿＿

(3)　0.10 mol/L の水酸化ナトリウム水溶液。NaOH の電離度は 1.0 とする。　＿＿＿＿＿＿＿

pH 指示薬と pH の測定

水溶液に溶かしたとき，その pH によって特有の色を示す色素を，4_____または

5_____という。変色する pH の範囲は 6_____とよばれ，指示薬により

異なる。

メチルオレンジ（MO）　　　　　色の変化　　7_____→8_____

ブロモチモールブルー（BTB）　色の変化　　9_____→10_____→11_____

フェノールフタレイン（PP）　　色の変化　　12_____→13_____

性 質	←強		酸性		弱		中性		弱		塩基性		強	
pH	0	1	2	3	4	5	6	7	8	9	10	11	12	13	14
$[H^+]$	10^0	10^{-1}	10^{-2}	10^{-3}	10^{-4}	10^{-5}	10^{-6}	10^{-7}	10^{-8}	10^{-9}	10^{-10}	10^{-11}	10^{-12}	10^{-13}	10^{-14}
身のまわりの物質	胃液	レモン汁	食酢	しょうゆ		雨水 水道水 牛乳	汗 だ液	海水 血液 涙		セッケン水 かゆみ止め	植物の灰の水溶液			換気扇用洗剤	
0.1 mol/L 水溶液	HCl 水溶液	CH₃COOH 水溶液					NaCl 水溶液			NH₃ 水溶液		NaOH 水溶液		

pH が小さい順に並べてみよう。

かゆみ止め　　牛乳　　レモン汁　　胃液　　換気扇用洗剤

14_____→_____→_____→_____→_____

●Memo●
....
....
....
....

3－2 ⑤ 中和反応の量的関係 p.96～97　　月　　日

> **Q** 酸と塩基が過不足なく中和したとき，必ず等しくなるものは何だろうか？

中和反応

　酸と塩基が反応し，それぞれの性質を互いに打ち消しあうことを 1_____という。中和で水と同時に生じる物質を 2_____という。

　塩酸と水酸化ナトリウム水溶液の中和では，酸と塩基の性質が打ち消され，塩化ナトリウムと水が生じる。この中和反応を化学反応式で表すと次式のようになる。

$$HCl + NaOH \longrightarrow NaCl + H_2O$$

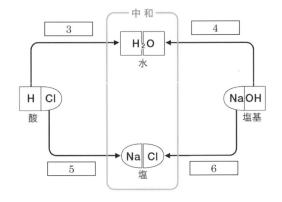

3_____　　　4_____

5_____　　　6_____

問1 次の酸と塩基が過不足なく中和したとき，その中和反応を化学反応式で表せ。

(1) 酢酸 CH_3COOH と水酸化ナトリウム NaOH

_____

(2) 硫酸 H_2SO_4 と水酸化ナトリウム NaOH

_____

(3) 硫酸 H_2SO_4 と水酸化バリウム $Ba(OH)_2$

_____

中和反応の量的関係

酸と塩基が過不足なく反応するところを $_7$＿＿＿＿＿＿＿＿という。中和点では，次の関係が成り立つ。

酸の $_8$＿＿＿＿＿＿の物質量〔mol〕＝ 塩基の $_9$＿＿＿＿＿＿の物質量〔mol〕

酸 … a 価，濃度 c〔mol/L〕，体積 V〔L〕

塩基… b 価，濃度 c'〔mol/L〕，体積 V'〔L〕

中和点では酸の H^+ と塩基の OH^- の物質量が等しいので，次の関係が成り立つ。

$_{10}$＿＿＿＿＿＿＿＿＿＿ ＝ $_{11}$＿＿＿＿＿＿＿＿＿＿＿＿

例題 2 中和反応の量的関係

濃度が未知の塩酸 10 mL に，0.10 mol/L の水酸化ナトリウム水溶液を滴下したら，7.0 mL で中和点に達した。この塩酸のモル濃度 c は何 mol/L か。 ＿＿＿＿＿＿＿＿＿＿

問 2 次の酸の水溶液のモル濃度はそれぞれ何 mol/L か。

(1) 濃度が未知の酢酸水溶液 10 mL に，0.10 mol/L 水酸化ナトリウム水溶液を滴下したら，8.8 mL で中和点に達した。 ＿＿＿＿＿＿＿＿＿

(2) 濃度が未知の硫酸水溶液 8.0 mL に，0.20 mol/L 水酸化ナトリウム水溶液を滴下したら，12 mL で中和点に達した。 ＿＿＿＿＿＿＿＿

Q ビュレットでは，何を測定することができるのだろうか？

中和滴定

　中和反応の量的関係を利用して，濃度がわからない酸（または塩基）の水溶液の濃度を求める

操作を 1＿＿＿＿＿＿＿＿＿という。

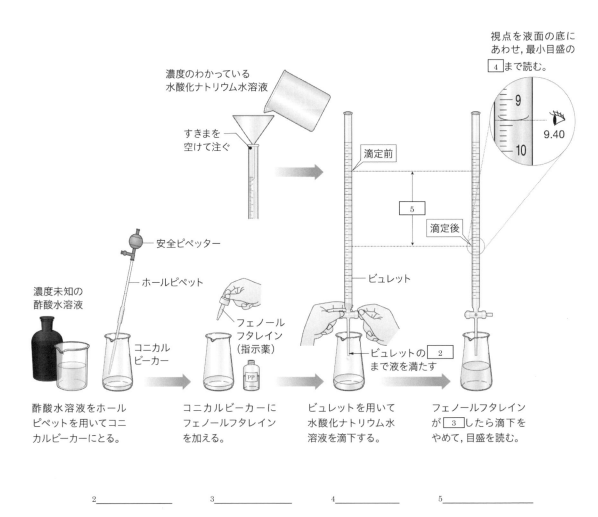

濃度のわかっている
水酸化ナトリウム水溶液

すきまを
空けて注ぐ

滴定前

滴定後

ビュレット

視点を液面の底に
あわせ，最小目盛の
4 まで読む。

9

10

9.40

5

安全ピペッター

ホールピペット

フェノール
フタレイン
（指示薬）

濃度未知の
酢酸水溶液

コニカル
ビーカー

PP

ビュレットの 2
まで液を満たす

酢酸水溶液をホール
ピペットを用いてコニ
カルビーカーにとる。

コニカルビーカーに
フェノールフタレイン
を加える。

ビュレットを用いて
水酸化ナトリウム水
溶液を滴下する。

フェノールフタレイン
が 3 したら滴下を
やめて，目盛を読む。

2＿＿＿＿＿＿　　　3＿＿＿＿＿＿　　　4＿＿＿＿＿＿　　　5＿＿＿＿＿＿＿

滴定曲線

中和滴定で, 加えた酸または塩基の水溶液の体積と, 混合水溶液の pH との関係を示したグラフを 6＿＿＿＿＿＿＿＿という。

滴定曲線から, 中和点を知るのに適切な指示薬を判断することができる。中和点の前後の pH 変化の範囲内に指示薬の 7＿＿＿＿＿＿＿があれば, その指示薬を使うことができる。

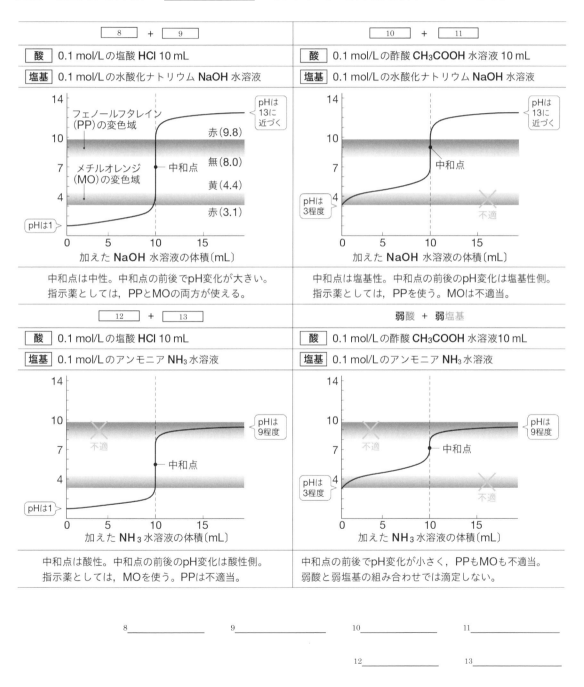

8 + 9	10 + 11
酸 0.1 mol/Lの塩酸 HCl 10 mL	**酸** 0.1 mol/Lの酢酸 CH₃COOH 水溶液 10 mL
塩基 0.1 mol/Lの水酸化ナトリウム NaOH 水溶液	**塩基** 0.1 mol/Lの水酸化ナトリウム NaOH 水溶液
中和点は中性。中和点の前後でpH変化が大きい。指示薬としては, PPとMOの両方が使える。	中和点は塩基性。中和点の前後のpH変化は塩基性側。指示薬としては, PPを使う。MOは不適当。
12 + 13	**弱**酸 + **弱**塩基
酸 0.1 mol/Lの塩酸 HCl 10 mL	**酸** 0.1 mol/Lの酢酸 CH₃COOH 水溶液 10 mL
塩基 0.1 mol/Lのアンモニア NH₃ 水溶液	**塩基** 0.1 mol/Lのアンモニア NH₃ 水溶液
中和点は酸性。中和点の前後のpH変化は酸性側。指示薬としては, MOを使う。PPは不適当。	中和点の前後でpH変化が小さく, PPもMOも不適当。弱酸と弱塩基の組み合わせでは滴定しない。

8＿＿＿＿＿＿＿ 9＿＿＿＿＿＿＿ 10＿＿＿＿＿＿＿ 11＿＿＿＿＿＿＿

12＿＿＿＿＿＿＿ 13＿＿＿＿＿＿＿

Q　炭酸水素ナトリウム $NaHCO_3$ の水溶液は何性だろうか？

塩の分類

塩は，その組成によって，1＿＿＿＿＿＿＿，2＿＿＿＿＿＿，3＿＿＿＿＿＿＿に分類される。ただし，これらの名称は塩の組成からつけられたものであり，塩の水溶液の性質とは必ずしも一致しない。

分類		例	
酸性塩	化学式に酸の 4＿＿＿を含む	硫酸水素ナトリウム 炭酸水素ナトリウム	6＿＿＿＿＿ $NaHSO_4$ $NaHCO_3$ 7＿＿＿＿＿＿
正塩	化学式に 酸の 4＿＿＿も 塩基の 5＿＿＿も 含まない	塩化ナトリウム 酢酸ナトリウム 塩化アンモニウム	$NaCl$ CH_3COOH NH_4Cl
塩基性塩	化学式に塩基の 5＿＿＿を含む	塩化水酸化マグネシウム 塩化水酸化銅(Ⅱ)	$MgCl(OH)$ $CuCl(OH)$

正塩の水溶液の性質

正塩の水溶液の性質は，中和のときの酸・塩基の強弱によって次のように決まる。

・強酸と強塩基からできた正塩 … 8＿＿＿＿＿＿

・強酸と弱塩基からできた正塩 … 9＿＿＿＿＿＿

・弱酸と強塩基からできた正塩 … 10＿＿＿＿＿＿

問3　次の正塩の水溶液は，酸性・中性・塩基性のいずれか。

(1)　塩化カリウム KCl ＿＿＿＿＿　　(2)　炭酸ナトリウム Na_2CO_3 ＿＿＿＿＿

(3)　硫酸ナトリウム Na_2SO_4 ＿＿＿＿＿　　(4)　硝酸アンモニウム NH_4NO_3 ＿＿＿＿＿

塩と酸・塩基の反応

弱酸の陰イオンを成分とする塩を弱酸の塩という。弱酸の塩に，その弱酸よりも 11 (強い ・ 弱い) 酸を加えると，塩から生じた弱酸の陰イオンと強酸のH$^+$が結びついて弱酸ができる。

弱塩基の陽イオンを成分とする塩を弱塩基の塩という。弱塩基の塩に，その弱塩基よりも 12 (強い ・ 弱い) 塩基を加えると，弱塩基の陽イオンと強塩基のOH$^-$が結びついて弱塩基ができる。

弱酸の塩 ＋ 強酸 ⟶ 強酸の塩 ＋ 弱酸

CH_3COONa ＋ HCl ⟶ $NaCl$ ＋ CH_3COOH
酢酸ナトリウム　塩化水素　　塩化ナトリウム　酢酸

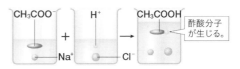

弱塩基の塩 ＋ 強塩基 ⟶ 強塩基の塩 ＋ 弱塩基

NH_4Cl ＋ $NaOH$ ⟶ $NaCl$ ＋ NH_3 ＋ H_2O
塩化アンモニウム　水酸化ナトリウム　塩化ナトリウム　アンモニア

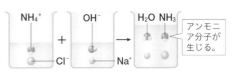

実験 3 塩の水溶液の性質・弱酸の塩と強酸の反応

結果

正塩	酸（強・弱）	塩基（強・弱）	BTBの色	水溶液の性質	塩酸を加えたとき
NaCl	HCl（強）	NaOH（強）	緑	中性	変化なし
Na₂CO₃	H₂CO₃（強）	NaOH（強）	青	塩基性	泡が出た（気体発生）
CH₃COONa	CH₃COOH（弱）	NaOH（強）	青	塩基性	お酢のにおいがした
NH₄Cl	HCl（強）	NH₃（弱）	黄	酸性	変化なし

考察

1) NaClは強酸と強塩基からできた正塩なので水溶液が 13＿＿＿＿＿＿＿，Na₂CO₃, CH₃COONaは弱酸と強塩基からできた正塩なので水溶液が 14＿＿＿＿＿＿＿，NH₄Clは強酸と弱塩基からできた正塩なので水溶液が 15＿＿＿＿＿＿＿になる。

2) 塩酸を加えたとき，弱酸の塩のNa₂CO₃から発生した気体は 16＿＿＿＿＿＿だと思う。また，弱酸の塩のCH₃COONaからお酢のにおいがしたのは，17＿＿＿＿＿＿＿＿＿ができたためだと思う。

●Memo●

3－2　　補充問題

1　　次の記述について，酸性に関するものには A，塩基性に関するものには B を記せ。

(1)　金属マグネシウムと反応して水素を発生させる。　　　　　　　　　[　　　　　]

(2)　青色リトマス紙を赤変させる。　　　　　　　　　　　　　　　　　[　　　　　]

(3)　手につくと手がぬるぬるする。　　　　　　　　　　　　　　　　　[　　　　　]

(4)　すっぱい味がする。　　　　　　　　　　　　　　　　　　　　　　[　　　　　]

(5)　リトマス紙を青変させる。　　　　　　　　　　　　　　　　　　　[　　　　　]

2　　次の問いに答えよ。ただし，電離度はいずれも 1 とする。

(1)　0.01 mol/L の HNO_3 水溶液の pH はいくらか。　　　　　　　　　[　　　　　]

(2)　pH が 1 増加するとき，$[H^+]$ および $[OH^-]$ はそれぞれ何倍になるか。

　　　　　　　　　　　　　　　　　　　　　　$[H^+]$: [　　　　　] 倍

　　　　　　　　　　　　　　　　　　　　　　$[OH^-]$: [　　　　　] 倍

(3)　0.1 mol/L HCl 水溶液を 100 倍にうすめた水溶液の pH はいくらか。　　[　　　　　]

(4)　0.1 mol/L NaOH 水溶液を 100 倍にうすめた水溶液の pH はいくらか。　[　　　　　]

(5)　1 mol/L HCl 水溶液の pH はいくらか。　　　　　　　　　　　　　[　　　　　]

3　　次の物質の組み合わせで起こる反応を化学反応式で表し，中和するときの物質量の比（酸：塩基）を整数で答えよ。

(1)　硫酸と水酸化ナトリウム　化学反応式 [　　　　　　　　　　　　　　　　　　　　]

　　　　　　　　　　　　　物質量比 ⇒ 酸：塩基 ＝ [　　　　　] : [　　　　　]

(2)　酢酸と水酸化カルシウム　化学反応式 [　　　　　　　　　　　　　　　　　　　　]

　　　　　　　　　　　　　物質量比 ⇒ 酸：塩基 ＝ [　　　　　] : [　　　　　]

(3)　硫酸と水酸化アルミニウム　化学反応式 [　　　　　　　　　　　　　　　　　　　]

　　　　　　　　　　　　　物質量比 ⇒ 酸：塩基 ＝ [　　　　　] : [　　　　　]

4 次の問いに答えよ。原子量を H＝1.0，C＝12.0，O＝16.0 とする。

(1) ある濃度の酢酸 10.0 mL を中和するのに，0.10 mol / L 水酸化ナトリウム水溶液 8.0 mL を要した。この酢酸の濃度〔mol / L〕を求めよ。　　　　　　　　　　　〔　　　　　　　〕mol/L

(2) シュウ酸の結晶$(COOH)_2 \cdot 2H_2O$ の 1.26 g を水に溶かした水溶液を中和するのに，ある濃度の水酸化ナトリウム水溶液 16.0 mL を要した。この水酸化ナトリウム水溶液の濃度〔mol/L〕を求めよ。　　　　　　　　　　　　　　　　　〔　　　　　　　〕mol/L

5 次に示した塩が酸と塩基の中和でできたとすると，どのような酸と塩基からできたのか，化学式で答えよ。また，それは下の a〜d の記述のどの組み合わせであるか。

		酸の化学式	塩基の化学式	a〜d
(1)	Na_2SO_4	〔　　　　〕	〔　　　　〕	〔　　〕
(2)	$CuCl_2$	〔　　　　〕	〔　　　　〕	〔　　〕
(3)	$FeCl_3$	〔　　　　〕	〔　　　　〕	〔　　〕
(4)	$KHCO_3$	〔　　　　〕	〔　　　　〕	〔　　〕
(5)	$Ca(NO_3)_2$	〔　　　　〕	〔　　　　〕	〔　　〕
(6)	CH_3COONH_4	〔　　　　〕	〔　　　　〕	〔　　〕

a 強酸と強塩基の組み合わせで生成した塩である。

b 強酸と弱塩基の組み合わせで生成した塩である。

c 弱酸と強塩基の組み合わせで生成した塩である。

d 弱酸と弱塩基の組み合わせで生成した塩である。

Q 電子のやりとりに注目すると，亜鉛と塩酸の反応で酸化された物質は何だろうか？

酸素のやり取りと酸化・還元

物質が酸素と結びついたとき，その物質は 1＿＿＿＿＿＿＿＿＿といい，物質が酸素と結びつく反応を 2＿＿＿＿＿＿という。

$$2Cu + O_2 \longrightarrow 2CuO$$　　このとき，Cu は 3＿＿＿＿＿＿＿＿。

物質が酸素を失ったとき，その物質は

4＿＿＿＿＿＿＿＿＿といい，物質が酸素を失う

反応を 5＿＿＿＿＿＿という。

$$CuO + H_2 \longrightarrow Cu + H_2O$$

このとき，CuO は 6＿＿＿＿＿＿＿＿。

酸化と還元は同時に起こるので，まとめて 7＿＿＿＿＿＿＿＿＿という。

酸素 O を受け取る
酸化された
$$CuO + H_2 \longrightarrow Cu + H_2O$$
還元された
酸素 O を失う

水素のやり取りと酸化・還元

物質が水素を失ったとき，その物質は

8＿＿＿＿＿＿＿＿＿という。

また，物質が水素と結びついたとき，

その物質は 9＿＿＿＿＿＿＿＿＿という。

水素 H を受け取る
還元された
$$2H_2S + O_2 \longrightarrow 2S + 2H_2O$$
酸化された
水素 H を失う

問 1 次の反応で，酸化された物質と還元された物質の化学式を答えよ。

(1) $2CuO + C \longrightarrow 2Cu + CO_2$　　　　酸化された物質＿＿＿　還元された物質＿＿＿＿

(2) $2Al + Fe_2O_3 \longrightarrow Al_2O_3 + 2Fe$　　　酸化された物質＿＿＿　還元された物質＿＿＿＿

(3) $H_2S + Cl_2 \longrightarrow S + 2HCl$　　　　酸化された物質＿＿＿＿　還元された物質＿＿＿

電子のやり取りと酸化・還元

ある原子や物質が電子を失ったとき，その原子や物質は 10＿＿＿＿＿＿＿＿＿＿＿という。

ある原子や物質が電子を受け取ったとき，その原子や物質は 11＿＿＿＿＿＿＿＿＿＿＿という。

$$\begin{cases} 2Cu \longrightarrow 2Cu^{2+} + 4e^- \\ O_2 + 4e^- \longrightarrow 2O^{2-} \end{cases}$$

$$2Cu + O_2 \longrightarrow 2Cu^{2+} + 2O^{2-}$$

$$2Cu + O_2 \longrightarrow 2CuO$$

酸化された
電子($2e^-$)を失う

$$\begin{cases} Cu^{2+} + 2e^- \longrightarrow Cu \\ O^{2-} + H_2 \longrightarrow H_2O + 2e^- \end{cases}$$

$$CuO + H_2 \longrightarrow Cu + H_2O$$

$$CuO + H_2 \longrightarrow Cu + H_2O$$

還元された
電子($2e^-$)を受け取る

問2　次の反応で，酸化された物質と還元された物質の化学式を，電子のやりとりに着目して答えよ。

(1)　$Cu + Cl_2 \longrightarrow CuCl_2$　　　　酸化された物質＿＿＿＿　還元された物質＿＿＿＿

(2)　$Zn + H_2SO_4 \longrightarrow ZnSO_4 + H_2$　　酸化された物質＿＿＿＿　還元された物質＿＿＿＿＿

《酸化・還元の定義》

酸化と還元は，酸素 O のやりとり，水素 H のやりとり，電子 e^- のやりとりで定義される。

酸化された		還元された
12	酸素 O	13
14	水素 H	15
16	電子 e^-	17

12＿＿＿＿＿＿＿＿＿＿　13＿＿＿＿＿＿＿＿＿＿

14＿＿＿＿＿＿＿＿＿＿　15＿＿＿＿＿＿＿＿＿＿　16＿＿＿＿＿＿＿＿＿＿　17＿＿＿＿＿＿＿＿＿＿

●Memo●

3－3 ② 酸化数と酸化剤・還元剤 p.106〜107 月 日

Q 酸化還元反応が起こるとき，硫化水素 H_2S は，酸化されるだろうか，還元されるだろうか？

酸化数

物質中の原子の酸化の程度を表す 1＿＿＿＿＿＿＿という数値が用いられる。

(1) 単体中の原子の酸化数は 2＿＿＿＿＿とする。

(2) 化合物中の水素原子 H の酸化数は 3＿＿＿＿＿，酸素原子 O の酸化数は 4＿＿＿＿＿とする。ただし，過酸化水素 H_2O_2 では，O の酸化数は例外的に 5＿＿＿＿＿とする。

(3) 化合物中の構成原子の酸化数の総和は 6＿＿＿＿＿とする。

(4) 単原子イオンの酸化数は，そのイオンの 7＿＿＿＿＿に等しい。

(5) 多原子イオンでは，構成原子の酸化数の総和は，そのイオンの 8＿＿＿＿＿に等しい。

問3 次の(1)〜(4)の C 原子および(5)〜(8)の N 原子の酸化数を答えよ。

(1) C ＿＿＿ (2) CH_4 ＿＿＿ (3) CO ＿＿＿ (4) CO_2 ＿＿＿

(5) NH_3 ＿＿＿ (6) NO ＿＿＿ (7) NO_2 ＿＿＿ (8) HNO_3 ＿＿＿

酸化・還元と酸化数の増減

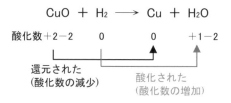

$$CuO + H_2 \longrightarrow Cu + H_2O$$

酸化数が増加した原子 … 9＿＿＿＿＿＿＿

酸化数が減少した原子 … 10＿＿＿＿＿＿＿

酸化数 ＋2－2 0 0 ＋1－2

還元された
（酸化数の減少）

酸化された
（酸化数の増加）

問4 次の反応について，すべての原子に酸化数をつけ，酸化された原子と還元された原子を，上の式のように答えよ。

(1)　Cu ＋ Cl₂ ⟶ CuCl₂

(2)　2Mg ＋ CO₂ ⟶ 2MgO ＋ C

(3)　2H₂S ＋ SO₂ ⟶ 2H₂O ＋ 3S

(4)　2Na ＋ 2H₂O ⟶ 2NaOH ＋ H₂

🔘 酸化剤・還元剤

自身は還元され相手の物質を酸化する物質を ₁₁_____といい，自身は酸化され相手の物質を還元する物質を ₁₂_____という。

	酸化剤		還元剤
電子を	₁₃_____	電子を	₁₄_____
酸化数は	₁₅_____	酸化数は	₁₆_____
自身は	₁₇_____	自身は	₁₈_____
相手を	₁₉_____	相手を	₂₀_____

🔘 酸化数の変化と酸化剤・還元剤

化合物中の S はいくつかの酸化数をとる。

H₂S̲O₄　　　　S̲O₂　　　　H₂S̲

₂₁_____　　₂₂_____　　₂₃_____

必ず酸化剤になる物質　₂₄_____

必ず還元剤になる物質　₂₅_____

🔘 酸化剤・還元剤の利用

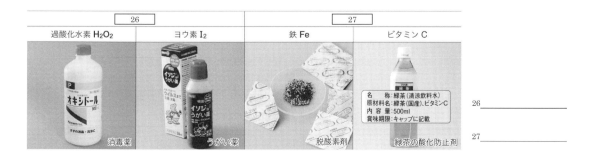

26		27	
過酸化水素 H₂O₂	ヨウ素 I₂	鉄 Fe	ビタミン C
消毒薬	うがい薬	脱酸素剤	緑茶の酸化防止剤

26_____

27_____

3－3　 酸化剤と還元剤の反応　p.108～109　月　日

検印欄

Q 過マンガン酸カリウムとヨウ化カリウムの水溶液が反応したとき，還元される物質はどちらか？

 酸化剤・還元剤とその反応

酸化剤		還元剤	
電子を	1＿＿＿＿＿	電子を	2＿＿＿＿＿
酸化数は	3＿＿＿＿＿	酸化数は	4＿＿＿＿＿
自身は	5＿＿＿＿＿	自身は	6＿＿＿＿＿
相手を	7＿＿＿＿＿	相手を	8＿＿＿＿＿

 過酸化水素とヨウ化カリウムの反応

《過酸化水素とヨウ化カリウムの反応の化学反応式の書き方》

1．酸化剤のイオン反応式を書く。

$$H_2O_2 + 2H^+ + 2e^- \longrightarrow 2H_2O \qquad \boxed{1}$$

2．還元剤のイオン反応式を書く。

$$2I^- \longrightarrow I_2 + 2e^- \qquad \boxed{2}$$

3．やりとりした電子 e^- の数をそろえる。

4．式$\boxed{1}$＋式$\boxed{2}$で電子 e^- を消去する。

9＿＿＿＿＿＿＿＿＿＿＿＿＿＿＿＿＿＿＿＿＿＿＿＿＿

5．必要なイオンを両辺に加える。

$$H_2O_2 + 2H^+ + SO_4^{2-} + 2K^+ + 2I^- \longrightarrow 2H_2O + I_2 + SO_4^{2-} + 2K^+$$

陽イオンと陰イオンを結合する。

10＿＿＿＿＿＿＿＿＿＿＿＿＿＿＿＿＿＿＿＿＿＿＿＿＿

《酸化剤と還元剤の反応》

	物質名	電子 e^- を含むイオン反応式（酸性溶液中）
酸化剤	過マンガン酸カリウム $KMnO_4$	$MnO_4^- + 8H^+ + 5e^- \longrightarrow Mn^{2+} + 4H_2O$
	塩素 Cl_2	$Cl_2 \qquad\quad + 2e^- \longrightarrow 2Cl^-$
	希硝酸 HNO_3	$HNO_3 + 3H^+ + 3e^- \longrightarrow NO + 2H_2O$
	濃硝酸 HNO_3	$HNO_3 + H^+ + e^- \longrightarrow NO_2 + H_2O$
	過酸化水素 H_2O_2	$H_2O_2 + 2H^+ + 2e^- \longrightarrow 2H_2O$
	二酸化硫黄 SO_2	$SO_2 + 4H^+ + 4e^- \longrightarrow S + 2H_2O$
還元剤	硫化水素 H_2S	$H_2S \qquad\qquad \longrightarrow S + 2H^+ + 2e^-$
	過酸化水素 H_2O_2	$H_2O_2 \qquad\qquad \longrightarrow O_2 + 2H^+ + 2e^-$
	ヨウ化カリウム KI	$2I^- \qquad\qquad \longrightarrow I_2 + 2e^-$
	二酸化硫黄 SO_2	$SO_2 + 2H_2O \qquad \longrightarrow SO_4^{2-} + 4H^+ + 2e^-$

例題 1 酸化還元反応

過マンガン酸カリウム $KMnO_4$ 水溶液に硫酸 H_2SO_4 を加えて酸性にし，過酸化水素 H_2O_2 水溶液を加えたときの酸化還元反応の化学反応式を書け。

_____

問 5 上の表を参考にして，二酸化硫黄 SO_2 と硫化水素 H_2S の酸化還元反応の化学反応式を書け。この酸化還元反応では，二酸化硫黄 SO_2 が酸化剤，硫化水素 H_2S が還元剤である。

_____

3−3 ④ 酸化還元反応の量的関係 p.110〜111 月 日

Q 酸化剤と還元剤が過不足なく反応するとき，やりとりされる電子にはどのような関係があるか？

酸化還元反応の量的な関係

酸化剤と還元剤が過不足なく反応するとき，次の関係が成り立つ。

酸化剤が 1＿＿＿＿＿＿＿＿電子 e^- の物質量〔mol〕

＝還元剤が 2＿＿＿＿＿＿電子 e^- の物質量〔mol〕

1 mol が a mol の電子 e^- を受け取る，

濃度 c〔mol/L〕，体積 V〔L〕の酸化剤

1 mol が b mol の電子 e^- を失う，

濃度 c'〔mol/L〕，体積 V'〔L〕の還元剤

過マンガン酸カリウム水溶液

> 1 mol が a mol の電子 e^- を受け取る，濃度 c〔mol/L〕，体積 V〔L〕の酸化剤

K^+
MnO_4^-

> 過不足なく反応したとき
> $a \times c \times V = b \times c' \times V'$

H_2O_2

> 1 mol が b mol の電子 e^- を失う，濃度 c'〔mol/L〕，体積 V'〔L〕の還元剤

酸化剤が受け取る e^- と還元剤が失う e^- の物質量が等しいので，次の関係が成り立つ。

　　　3＿＿＿＿＿＿＿＿＿＿＿ ＝ 4＿＿＿＿＿＿＿＿＿＿＿＿

酸化還元滴定

酸化還元反応の量的関係を利用して，濃度がわからない酸化剤（または還元剤）の水溶液の濃度を求める操作を 5＿＿＿＿＿＿＿＿という。酸化還元滴定で使用する器具や操作は，中和滴定とほぼ同じである。酸化剤として過マンガン酸カリウムを用いると，過不足なく反応したとき過マンガン酸カリウムの 6＿＿＿＿＿＿が消えなくなるため，指示薬を加える必要がない。

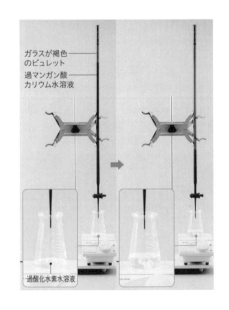

ガラスが褐色のビュレット
過マンガン酸カリウム水溶液

過酸化水素水溶液

濃度が未知の過酸化水素 H_2O_2 水溶液 10.0 mL に硫酸を加え，0.0200 mol/L の過マンガン酸カリウム $KMnO_4$ 水溶液を滴下したら，18.0 mL で過不足なく反応した。この過酸化水素水溶液のモル濃度 c は何 mol/L か。ただし，酸化剤と還元剤の電子 e^- を含むイオン反応式は次のとおりである。

酸化剤　$KMnO_4$　　　　　　$MnO_4^- + 8H^+ + 5e^- \longrightarrow Mn^{2+} + 4H_2O$

還元剤　H_2O_2　　　　　　　$H_2O_2 \longrightarrow O_2 + 2H^+ + 2e^-$

_____ mol/L

問 6　硫酸鉄(Ⅱ) $FeSO_4$ だけを含む水溶液 10.0 mL を希硫酸で酸性にし，これに 0.0200 mol/L の過マンガン酸カリウム $KMnO_4$ 水溶液を滴下した。滴下した量が 10.0 mL になったとき，赤紫色が消えずにわずかに残った。水溶液中の硫酸鉄(Ⅱ)のモル濃度は何 mol/L か。ただし，過マンガン酸カリウムと硫酸鉄(Ⅱ)の反応は，電子 e^- を含む次のイオン反応式で表される。

酸化剤　$KMnO_4$　　　　　　$MnO_4^- + 8H^+ + 5e^- \longrightarrow Mn^{2+} + 4H_2O$

還元剤　$FeSO_4$　　　　　　　$Fe^{2+} \longrightarrow Fe^{3+} + e^-$

_____ mol/L

3－3 ⑤ 金属のイオン化傾向 p.112～113   月   日

検印欄

Q 硫酸銅(Ⅱ)水溶液に亜鉛板を入れるとどうなるだろうか？

金属のイオン化傾向

金属が水または水溶液中で陽イオンになる傾向を金属の 1＿＿＿＿＿＿＿＿＿＿という。

金属のイオン化傾向と酸化・還元

例 銅(Ⅱ)イオン Cu^{2+} を含む水溶液に亜鉛 Zn を入れる。

$$Zn + Cu^{2+} \longrightarrow Zn^{2+} + Cu$$

$$\begin{cases} Zn \longrightarrow Zn^{2+} + 2e^- \\ Cu^{2+} + 2e^- \longrightarrow Cu \end{cases}$$

亜鉛
銅
銅(Ⅱ)イオン

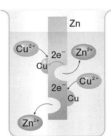

亜鉛は電子を失うので 2 (酸化 ・ 還元) され，銅(Ⅱ)イオンは電子を受け取るので 3 (酸化 ・ 還元) されている。

一般に，イオン化傾向が 4 (大きい ・ 小さい) 金属ほど酸化されやすく，反応しやすい。

5 ◀	イオン化傾向	6

イオン化列	Li	K	Ca	Na	Mg	Al	Zn	Fe	Ni	Sn	Pb	(H₂)	Cu	Hg	Ag	Pt	Au
乾燥空気との反応	常温ですぐ酸化される				常温で表面に酸化被膜ができる												
	加熱により酸化される																
水との反応	常温で反応する																
	沸騰水と反応する																
	高温の水蒸気と反応する																
酸との反応	塩酸・希硫酸と反応して水素が発生する*1																
	硝酸・熱濃硫酸と反応する*2																
	王水と反応する*3																

＊1 Pb は希硫酸・塩酸とはほとんど反応しない。 ＊2 Al, Fe, Ni などは濃硝酸とはほとんど反応しない。
＊3 王水は濃硝酸と濃塩酸を体積比 1：3 の割合で混合した溶液で，酸化力がきわめて強い。

5＿＿＿＿＿ 6＿＿＿＿＿

🔵 金属と水の反応

カリウム K，カルシウム Ca，ナトリウム Na などの金属は，常温で水と反応して

7＿＿＿＿＿＿＿＿＿になり，8＿＿＿＿＿＿＿が発生する。

$$2Na + 2H_2O \longrightarrow \text{9＿＿＿＿＿＿＿} + \text{10＿＿＿＿＿＿} \uparrow$$

マグネシウム Mg は沸騰水と反応して水酸化物に，アルミニウム Al，亜鉛 Zn，鉄 Fe は高温の

水蒸気と反応して 11＿＿＿＿＿＿＿になり，いずれも 12＿＿＿＿＿＿が発生する。

🔵 金属と酸の反応

水素よりイオン化傾向の大きい金属は，塩酸や希硫酸中の H^+ と反応し，水素が発生する。

$$Zn + 2H^+ \longrightarrow \text{13＿＿＿＿＿＿} + \text{14＿＿＿＿＿} \uparrow$$

水素よりイオン化傾向の小さい銅 Cu，水銀 Hg，銀 Ag は，塩酸や希硫酸とは反応しない。しか

し，酸化力の強い酸である硝酸や熱濃硫酸（加熱した濃硫酸）とは反応する。このとき，希硝酸

では 15＿＿＿＿＿＿＿＿＿が，濃硝酸では 16＿＿＿＿＿＿＿＿＿が，熱濃硫酸では

17＿＿＿＿＿＿＿＿＿＿がおもに発生する。

$$Cu + 4HNO_3 \longrightarrow \text{18＿＿＿＿＿} + \text{19＿＿＿＿＿} + \text{20＿＿＿＿＿} \uparrow$$

白金 Pt と金 Au は，硝酸や熱濃硫酸とは反応しないが，21＿＿＿＿＿＿には溶ける。

実験 2　金属樹をつくる

考察

①〜④では，それぞれ次の反応が起こった。

① $2Ag^+ + Cu \longrightarrow 2$ 22＿＿＿＿ + 23＿＿＿＿＿（イオン化傾向 Cu＞Ag）

② $Cu^{2+} + Fe \longrightarrow$ 24＿＿＿＿ + 25＿＿＿＿＿（イオン化傾向 Fe＞Cu）

③ $Sn^{2+} + Zn \longrightarrow$ 26＿＿＿＿ + 27＿＿＿＿＿（イオン化傾向 Zn＞Sn）

④ $Pb^{2+} + Zn \longrightarrow$ 28＿＿＿＿ + 29＿＿＿＿＿（イオン化傾向 Zn＞Pb）

　どの反応でも，溶液中のイオンは 30＿＿＿＿＿＿されて金属になり樹枝

状に析出した。また，金属は 31＿＿＿＿＿＿されてイオンになった。

結果

銀樹　銅樹　スズ樹　鉛樹

3-3 ⑥ 電池 p.114〜115

検印欄

月　日

> **Q** 電池はどのようなしくみで電流を生じさせているのだろうか？

🔘 電池の原理

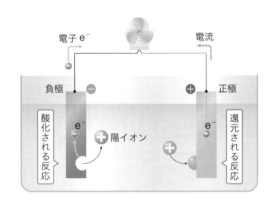

1＿＿＿＿＿＿は，酸化還元反応で放出されるエネルギーを電気エネルギーとして取り出す装置である。電池では，2（ 酸化 ・ 還元 ）される反応が起こり電子が導線に流れ出る電極を負極といい，3（ 酸化 ・ 還元 ）される反応が起こり電子が導線から流れ込む電極を正極という。電流の向きは，電子の流れとは 4（ 同じ ・ 逆 ）向きだから，電流は正極から負極へと流れる。また，両極間の電位差（電圧）を，電池の 5＿＿＿＿＿＿＿という。

🔘 ダニエル電池

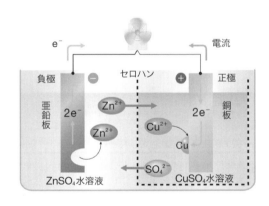

ダニエル電池は，6（ 亜鉛 Zn ・ 銅 Cu ）板を浸した硫酸亜鉛 $ZnSO_4$ 水溶液と，7（ 亜鉛 Zn ・ 銅 Cu ）板を浸した硫酸銅(II) $CuSO_4$ 水溶液の間を，8＿＿＿＿＿＿＿などで仕切った電池である。両方の金属板をつなぐと，イオン化傾向が大きい亜鉛 Zn が 9（ 酸化 ・ 還元 ）されてイオンになり，銅(II)イオン Cu^{2+} が 10（ 酸化 ・還元 ）されて金属になるため，11（ 亜鉛 Zn ・銅 Cu ）板から 12（ 亜鉛 Zn ・ 銅 Cu ）板に電流が流れる。

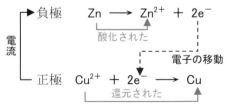

ボルタ電池

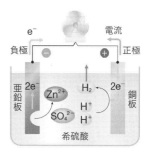

ボルタ電池は，原理的には亜鉛 Zn 板と銅 Cu 板を希硫酸 H_2SO_4 に浸し導線でつないだ電池で，電極反応は次のようになる。

負極　$Zn \longrightarrow$ 13＿＿＿＿＿ ＋ 14＿＿＿＿

正極　15＿＿＿＿ ＋ 16＿＿＿＿ $\longrightarrow H_2$

一次電池と二次電池

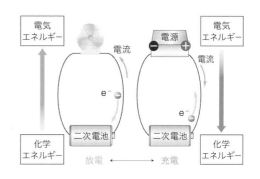

電池から電気エネルギーを取り出すことを 17＿＿＿＿＿＿＿＿という。一方，放電した電池に外部から電気エネルギーを与え，放電のときと逆向きの反応を起こすことを 18＿＿＿＿＿＿という。

　放電するともとの状態に戻すことができない電池を 19＿＿＿＿＿＿＿＿といい，充電ができる電池を 20＿＿＿＿＿＿＿＿または 21＿＿＿＿＿＿＿という。

■鉛蓄電池■ 発展

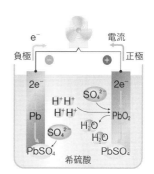

鉛蓄電池は代表的な 22＿＿＿＿＿＿＿＿＿で，自動車のバッテリーに使われている。負極は 23＿＿＿＿＿＿，正極は 24＿＿＿＿＿＿＿＿，電解液は希硫酸で，放電では次の反応が起こる。

負極　25＿＿＿＿ ＋ $SO_4^{2-} \longrightarrow PbSO_4 + 2e^-$

正極　26＿＿＿＿＿ ＋ $4H^+ + SO_4^{2-} + 2e^- \longrightarrow PbSO_4 + 2H_2O$

■燃料電池■ 発展

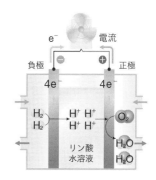

負極で 27＿＿＿＿＿＿が酸化され，正極で 28＿＿＿＿＿＿が還元される。電解質にリン酸を用いたときは，次の反応が起こる。

負極　29＿＿＿＿ $\longrightarrow 2H^+ + 2e^-$

正極　30＿＿＿＿ ＋ $4H^+ + 4e^- \longrightarrow 2H_2O$

3-3 酸化還元反応と金属の製錬 p.118～119 月 日

Q 鉄鉱石から鉄を取り出すときには，どのような反応を利用しているだろうか？

金属の製錬

鉱石中に化合物として存在する金属を単体として取り出す操作を₁_____という。

■鉄 Fe■

鉄の製錬で用いる鉄鉱石は，赤鉄鉱（主成分 Fe_2O_3）
などの鉄の酸化物である。鉄鉱石をコークス（主成
分 C）などと溶鉱炉に入れ，熱風を送って加熱する
と，コークスの不完全燃焼で生じた一酸化炭素によ
って鉄鉱石が₂_____され，鉄が得られる。

$$Fe_2O_3 + 3CO \longrightarrow 2Fe + 3CO_2$$

このとき得られる鉄は₃_____とよばれ，
炭素が多く，かたくてもろい。銑鉄は鋳物としてマ
ンホールのふたなどに用いられる。

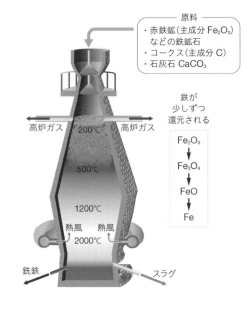

原料
・赤鉄鉱（主成分 Fe_2O_3）
　などの鉄鉱石
・コークス（主成分 C）
・石灰石 $CaCO_3$

高炉ガス　200℃　高炉ガス

500℃

1200℃

熱風　熱風
2000℃

銑鉄　スラグ

鉄が
少しずつ
還元される

Fe_2O_3
↓
Fe_3O_4
↓
FeO
↓
Fe

融解した銑鉄を転炉に移し，酸素を吹き込んで炭素を減らすと，₄_____になる。鋼は弾性
に富み，建築材料などに用いられる。

製鉄所

鉄くず
融解した銑鉄を
転炉に移す

鋼を型に
入れる

転炉

銑鉄に空気を吹き込み
炭素を除くと鋼になる

金属の製錬と電気分解

電気分解では，直流電源の正極とつないだ電極を ₅＿＿＿＿＿＿，負極とつないだ電極を ₆＿＿＿＿＿＿という。陽極では電子を失う酸化される反応が起こり，陰極では電子を受け取る還元される反応が起こる。

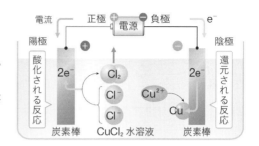

■アルミニウム Al■ 🔵発展

アルミニウムは，鉱石のボーキサイトから酸化アルミニウム Al_2O_3（₇＿＿＿＿＿＿＿＿＿＿）をつくる。酸化アルミニウムは融点が高いので，融解した氷晶石に溶かし，約 1000℃で電気分解する。

塩を融解して電気分解する方法を ₈＿＿＿＿＿＿＿＿＿＿という。陽極と陰極の反応は次のようになる。

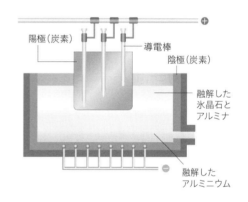

陽極　$C + O^{2-} \longrightarrow CO + 2e^-$

　　　$C + 2O^{2-} \longrightarrow CO_2 + 4e^-$

陰極　$Al^{3+} + 3e^- \longrightarrow Al$

■銅 Cu■ 🔵発展

粗銅板を ₉＿＿＿＿＿＿，うすい純銅板を ₁₀＿＿＿＿＿＿に用いて，硫酸酸性の硫酸銅(Ⅱ) $CuSO_4$ 水溶液中で電気分解すると，陽極の粗銅が溶け，純度 99.99％以上の銅が陰極に析出する。電気分解により不純物を含む金属から純粋な金属を得る方法を ₁₁＿＿＿＿＿＿＿＿＿という。

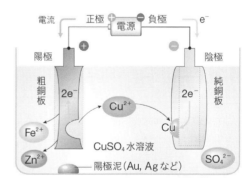

陽極（粗銅）　$Cu \longrightarrow Cu^{2+} + 2e^-$

陰極（純銅）　$Cu^{2+} + 2e^- \longrightarrow Cu$

粗銅中に含まれる不純物のうち，亜鉛 Zn や鉄 Fe などイオン化傾向の ₁₂（ 大きい ・ 小さい ）金属は，銅とともにイオンとして水溶液中に溶け出し，イオンのまま水溶液中に残る。銀 Ag や金 Au などイオン化傾向の ₁₃（ 大きい ・ 小さい ）金属は，金属のまま陽極の下にたまる。これを ₁₄＿＿＿＿＿＿という。

1 　次の化学式の下線を引いた原子またはイオンの酸化数を記せ。

(1) $\underline{N}_2$　　[　　　]　　(2) $\underline{O}_2$　　[　　　]　　(3) $\underline{C}O_2$　　[　　　]

(4) $H_2\underline{S}$　　[　　　]　　(5) $\underline{Fe}^{3+}$　　[　　　]　　(6) $\underline{N}O_3^-$　　[　　　]

(7) $\underline{Cr}O_4^{2-}$　　[　　　]　　(8) $H_2\underline{S}O_3$　　[　　　]　　(9) $H\underline{C}lO$　　[　　　]

2 　次の反応について，各原子の酸化数の増減を調べ，酸化された原子と還元された原子の元素記号と，酸化数の変化を下の表に記入せよ。

(1) $2FeCl_2 + Cl_2 \longrightarrow 2FeCl_3$

(2) $Ca + 2H_2O \longrightarrow Ca(OH)_2 + H_2$

(3) $3Ag + 4HNO_3 \longrightarrow 3AgNO_3 + 2H_2O + NO$

(4) $H_2O_2 + 2KI \longrightarrow I_2 + 2KOH$

(5) $2KClO_3 \longrightarrow 2KCl + 3O_2$

	酸化された原子		還元された原子	
	元素記号	酸化数の変化	元素記号	酸化数の変化
(1)				
(2)				
(3)				
(4)				
(5)				

3 　次の記述のうちから，下線をつけた物質が酸化剤として働くものを一つ選べ。(　)内はその生成物である。

1．酸化銅(II)を炭素と高温で反応させる。(Cu)　　2．亜鉛を塩酸に溶かす。($ZnCl_2$)

3．鉄を空気中で燃焼させる。(FeO)　　4．硫化水素を二酸化硫黄と反応させる。(S)

5．酸化カルシウムを水と反応させる。($Ca(OH)_2$)　　　　　　　　[　　　]

4 次のイオン反応式を参考にして，下の問いに答えよ。

$$MnO_4^- + 8H^+ + 5e^- \longrightarrow Mn^{2+} + 4H_2O \qquad \cdots\cdots 式1$$

$$NO_2^- + H_2O \longrightarrow NO_3^- + 2H^+ + 2e^- \qquad \cdots\cdots 式2$$

(1) 式1で，マンガン原子の酸化数は，いくつからいくつに変化したか。　[　　　　]→[　　　　]

(2) 式2で，窒素原子の酸化数は，いくつからいくつに変化したか。　　　[　　　　]→[　　　　]

(3) 硫酸酸性の過マンガン酸カリウム水溶液に，亜硝酸ナトリウム $NaNO_2$ 水溶液を加えたときに

　　起こる反応のイオン反応式を書け。

　　　　　　　　　　　_____

(4) 過マンガン酸イオン 1.0 mol と過不足なく反応する亜硝酸ナトリウムは何 mol か。

　　　　　　　　　　　　　　　　　　　　　　　　　　[　　　　　　　] mol

5 次の問いに答えなさい。

(1) 下記の(ア)～(エ)の各反応性に該当する金属を，次の金属の中から選び，化学式で答えよ。

　　　【Ag, Al, Cu, Na, Mg, Pt, Zn】

　(ア) 王水にのみ溶ける（1種類）。　　　　　　　　　　　　　　　　[　　　　　]

　(イ) 常温で水（冷水）と反応する（1種類）。　　　　　　　　　　　[　　　　　]

　(ウ) 常温では水と反応しないが，塩酸 HCl と反応し水素を発生する（3種類）。

　　　　　　　　　　　　　　　　　　　　　[　　　　][　　　　][　　　　]

　(エ) 水および塩酸に不溶性であるが，濃硝酸 HNO_3 に溶ける（2種類）。

　　　　　　　　　　　　　　　　　　　　　　　　　[　　　　][　　　　]

(2) (1)の(ウ)の反応で，塩酸 HCl と反応して 3 価の陽イオンになる金属の反応の化学反応式を答

　　えよ。　　　　　　　　　　　　_____

章末問題

検印欄

ふり返りシート

年　　組　　番　名前

　各単元の学習を通して，学習内容に対して，どのぐらい理解できたか，どのぐらい粘り強く学習に取り組めたか，○をつけてふり返ってみよう。また，学習を終えて，さらに理解を深めたいことや興味をもったこと，学習のすすめ方で工夫していきたいことなどを書いてみよう。

● 1章1節1項　純物質と混合物（p.2）

○学習の理解度	○粘り強く取り組めたか	確認欄
できなかった　1　2　3　4　5　できた	できなかった　1　2　3　4　5　できた	
○学習を終えて，さらに理解を深めたいことや興味をもったこと　など		

● 1章1節2項　混合物の分離①（p.4）

○学習の理解度	○粘り強く取り組めたか	確認欄
できなかった　1　2　3　4　5　できた	できなかった　1　2　3　4　5　できた	
○学習を終えて，さらに理解を深めたいことや興味をもったこと　など		

● 1章1節3項　混合物の分離②（p.6）

○学習の理解度	○粘り強く取り組めたか	確認欄
できなかった　1　2　3　4　5　できた	できなかった　1　2　3　4　5　できた	
○学習を終えて，さらに理解を深めたいことや興味をもったこと　など		

● 1章1節4項　単体と元素（p.8）

○学習の理解度	○粘り強く取り組めたか	確認欄
できなかった　1　2　3　4　5　できた	できなかった　1　2　3　4　5　できた	
○学習を終えて，さらに理解を深めたいことや興味をもったこと　など		

● 1章1節5項　元素の確認（p.10）

○学習の理解度	○粘り強く取り組めたか	確認欄
できなかった　1　2　3　4　5　できた	できなかった　1　2　3　4　5　できた	
○学習を終えて，さらに理解を深めたいことや興味をもったこと　など		

● 1章1節6項　状態変化と熱運動（p.12）

○学習の理解度	○粘り強く取り組めたか	確認欄
できなかった　1　2　3　4　5　できた	できなかった　1　2　3　4　5　できた	
○学習を終えて，さらに理解を深めたいことや興味をもったこと　など		

● 1章2節1項　原子（p.16）

○学習の理解度	○粘り強く取り組めたか	確認欄
できなかった　1　2　3　4　5　できた	できなかった　1　2　3　4　5　できた	
○学習を終えて，さらに理解を深めたいことや興味をもったこと　など		

● 1章2節2項　電子配置とイオン（p.18）

○学習の理解度	○粘り強く取り組めたか	確認欄
できなかった　1　2　3　4　5　できた	できなかった　1　2　3　4　5　できた	
○学習を終えて，さらに理解を深めたいことや興味をもったこと　など		

● 1章2節3項　周期表（p.20）

○学習の理解度	○粘り強く取り組めたか	確認欄
できなかった　1　2　3　4　5　できた	できなかった　1　2　3　4　5　できた	
○学習を終えて，さらに理解を深めたいことや興味をもったこと　など		

● 2章1節1項　イオン結合（p.28）

○学習の理解度	○粘り強く取り組めたか	確認欄
できなかった　1　2　3　4　5　できた	できなかった　1　2　3　4　5　できた	
○学習を終えて，さらに理解を深めたいことや興味をもったこと　など		

● 2章1節2項　イオン結晶（p.30）

○学習の理解度	○粘り強く取り組めたか	確認欄
できなかった　1　2　3　4　5　できた	できなかった　1　2　3　4　5　できた	
○学習を終えて，さらに理解を深めたいことや興味をもったこと　など		

● 2章2節1項　分子と共有結合（p.32）

○学習の理解度	○粘り強く取り組めたか	確認欄
できなかった　1　2　3　4　5　できた	できなかった　1　2　3　4　5　できた	
○学習を終えて，さらに理解を深めたいことや興味をもったこと　など		

● 2章2節2項　分子の電子式と構造式（p.34）

○学習の理解度	○粘り強く取り組めたか	確認欄
できなかった　1　2　3　4　5　できた	できなかった　1　2　3　4　5　できた	
○学習を終えて，さらに理解を深めたいことや興味をもったこと　など		

● 2章2節3項 分子の極性 (p.36)

○学習の理解度	○粘り強く取り組めたか	確認欄
できなかった 1　2　3　4　5　できた	できなかった 1　2　3　4　5　できた	
○学習を終えて，さらに理解を深めたいことや興味をもったこと　など		

● 2章2節4項 分子間力と分子結晶 (p.38)

○学習の理解度	○粘り強く取り組めたか	確認欄
できなかった 1　2　3　4　5　できた	できなかった 1　2　3　4　5　できた	
○学習を終えて，さらに理解を深めたいことや興味をもったこと　など		

● 2章2節5項 高分子化合物と分子の利用 (p.40)

○学習の理解度	○粘り強く取り組めたか	確認欄
できなかった 1　2　3　4　5　できた	できなかった 1　2　3　4　5　できた	
○学習を終えて，さらに理解を深めたいことや興味をもったこと　など		

● 2章2節6項 共有結合の結晶 (p.42)

○学習の理解度	○粘り強く取り組めたか	確認欄
できなかった 1　2　3　4　5　できた	できなかった 1　2　3　4　5　できた	
○学習を終えて，さらに理解を深めたいことや興味をもったこと　など		

● 2章3節1項 金属結合と金属 (p.46)

○学習の理解度	○粘り強く取り組めたか	確認欄
できなかった 1　2　3　4　5　できた	できなかった 1　2　3　4　5　できた	
○学習を終えて，さらに理解を深めたいことや興味をもったこと　など		

● 2章3節2項 金属の利用 (p.48)

○学習の理解度	○粘り強く取り組めたか	確認欄
できなかった 1　2　3　4　5　できた	できなかった 1　2　3　4　5　できた	
○学習を終えて，さらに理解を深めたいことや興味をもったこと　など		

● 3章1節1項 原子量・分子量・式量 (p.54)

○学習の理解度	○粘り強く取り組めたか	確認欄
できなかった 1　2　3　4　5　できた	できなかった 1　2　3　4　5　できた	
○学習を終えて，さらに理解を深めたいことや興味をもったこと　など		

● 3章1節2項　物質量（p.56）

○学習の理解度	○粘り強く取り組めたか	確認欄
できなかった　1　2　3　4　5　できた	できなかった　1　2　3　4　5　できた	
○学習を終えて，さらに理解を深めたいことや興味をもったこと　など		

● 3章1節3項　濃度（p.62）

○学習の理解度	○粘り強く取り組めたか	確認欄
できなかった　1　2　3　4　5　できた	できなかった　1　2　3　4　5　できた	
○学習を終えて，さらに理解を深めたいことや興味をもったこと　など		

● 3章1節4項　化学変化と化学反応式（p.64）

○学習の理解度	○粘り強く取り組めたか	確認欄
できなかった　1　2　3　4　5　できた	できなかった　1　2　3　4　5　できた	
○学習を終えて，さらに理解を深めたいことや興味をもったこと　など		

● 3章1節5項　化学反応式と量的関係①（p.66）

○学習の理解度	○粘り強く取り組めたか	確認欄
できなかった　1　2　3　4　5　できた	できなかった　1　2　3　4　5　できた	
○学習を終えて，さらに理解を深めたいことや興味をもったこと　など		

● 3章1節6項　化学反応式と量的関係②量（p.68）

○学習の理解度	○粘り強く取り組めたか	確認欄
できなかった　1　2　3　4　5　できた	できなかった　1　2　3　4　5　できた	
○学習を終えて，さらに理解を深めたいことや興味をもったこと　など		

● 3章2節1項　酸と塩基（p.74）

○学習の理解度	○粘り強く取り組めたか	確認欄
できなかった　1　2　3　4　5　できた	できなかった　1　2　3　4　5　できた	
○学習を終えて，さらに理解を深めたいことや興味をもったこと　など		

● 3章2節2項　酸・塩基の価数と強弱（p.76）

○学習の理解度	○粘り強く取り組めたか	確認欄
できなかった　1　2　3　4　5　できた	できなかった　1　2　3　4　5　できた	
○学習を終えて，さらに理解を深めたいことや興味をもったこと　など		

●3章2節3項　水素イオン濃度とpH①（p.78）

○学習の理解度　　　　　　　　　　　　　　　　　　　　○粘り強く取り組めたか

できなかった　1　2　3　4　5　できた　　できなかった　1　2　3　4　5　できた

○学習を終えて，さらに理解を深めたいことや興味をもったこと　など

確認欄

●3章2節4項　水素イオン濃度とpH②（p.80）

○学習の理解度　　　　　　　　　　　　　　　　　　　　○粘り強く取り組めたか

できなかった　1　2　3　4　5　できた　　できなかった　1　2　3　4　5　できた

○学習を終えて，さらに理解を深めたいことや興味をもったこと　など

確認欄

●3章2節5項　中和反応の量的関係（p.82）

○学習の理解度　　　　　　　　　　　　　　　　　　　　○粘り強く取り組めたか

できなかった　1　2　3　4　5　できた　　できなかった　1　2　3　4　5　できた

○学習を終えて，さらに理解を深めたいことや興味をもったこと　など

確認欄

●3章2節6項　中和滴定（p.84）

○学習の理解度　　　　　　　　　　　　　　　　　　　　○粘り強く取り組めたか

できなかった　1　2　3　4　5　できた　　できなかった　1　2　3　4　5　できた

○学習を終えて，さらに理解を深めたいことや興味をもったこと　など

確認欄

●3章2節7項　塩（p.86）

○学習の理解度　　　　　　　　　　　　　　　　　　　　○粘り強く取り組めたか

できなかった　1　2　3　4　5　できた　　できなかった　1　2　3　4　5　できた

○学習を終えて，さらに理解を深めたいことや興味をもったこと　など

確認欄

●3章3節1項　酸化と還元（p.90）

○学習の理解度　　　　　　　　　　　　　　　　　　　　○粘り強く取り組めたか

できなかった　1　2　3　4　5　できた　　できなかった　1　2　3　4　5　できた

○学習を終えて，さらに理解を深めたいことや興味をもったこと　など

確認欄

●3章3節2項　酸化数と酸化剤・還元剤（p.92）

○学習の理解度　　　　　　　　　　　　　　　　　　　　○粘り強く取り組めたか

できなかった　1　2　3　4　5　できた　　できなかった　1　2　3　4　5　できた

○学習を終えて，さらに理解を深めたいことや興味をもったこと　など

確認欄